基礎服裝畫原理與構造

Fashion
Illustration
Technique

杉野服飾大學
福地宏子 著

瑞昇文化

Contents

03

畫出服裝平面圖

04

畫材與著色

何謂流行服飾插畫

穿上服飾的人物畫包含許多種類型，像是繪畫、漫畫、動畫等。流行服飾插畫的最大特徵在於，為了進行服飾的說明，所以畫作要能夠讓人清楚地了解到服飾的形狀・構造。

這種插畫會用於設計提案的設計圖，或是作為已經製造出來的服飾的完成圖。由於人們大多會將其當成客觀的工具來使用，所以在繪製插畫時，不能只讓自己理解、滿足，而是必須讓其他人看了之後，也能產生相同的理解，達到資訊共享的目的。因此，在繪製流行服飾插畫時，不僅需要畫技，也要重視對於基本人體比例的理解，並去了解服飾的構造、縫紉方式、材質。

流行服飾插畫大致上可以分成3種類型。
①時尚插畫
②服裝平面圖（也叫做服裝設計平面圖）
③插圖・示意圖

①**時尚插畫**指的是，讓人物穿上服飾的畫作。
　基本上會採用8頭身，透過接近模特兒頭身的平衡比例來舒適地作畫。重點在於，要讓觀看者覺得「那件衣服好棒，真好看呀，好想穿啊」。
　優點在於，藉由讓人物穿上服飾，就容易傳達出尺寸感，而且也能呈現出布料的質感，像是柔軟、有光澤等。

②**服裝平面圖**指的是，把服裝整理好，平放在桌上，然後個別地將每件服裝畫成畫作。在服裝業中，看到的機會特別多，會被用於縫製指示書、產品規格書、目錄等。
　其特徵在於，不會像時尚插畫那樣畫出皺褶，而是會使用尺來簡潔地畫出直線或曲線。因此，雖然無法讓人感受到材質或布料質感，但能夠更加正確地傳達出樣式與細節。

③**插圖與示意圖**經常被用於雜誌、廣告的插畫。在學生時期，有的人應該有畫過這種畫，並將其當成時尚設計競賽的設計畫吧。在呈現上，大多會省略細節，形成重視世界觀與氣氛的畫作。不適合用來當成製造流程中的指示。

在本書中，會以時尚插畫和服裝平面圖為中心，從基礎來解說流行服飾插畫的畫法。
流行服飾插畫的作畫目的並不是「畫出漂亮的畫作」，而是必須傳達正確的資訊。即使「線條與上色很漂亮」，但若沒有畫出接縫的話，就無法成為有幫助的流行服飾插畫。即使畫技稍微不足，內容充實的畫作還是會非常吸引人。請大家一邊帶著興奮的心情，一邊把想像中的設計畫出來吧。作畫是很愉快的事！

▼**紙張類**：圖畫紙・肯特紙・影印紙等。為了激發創意與進行試畫，所以也可以事先準備較小的素描本。

▼**鉛筆**：在畫流行服飾插畫時，B／2B硬度的鉛筆較軟，很好畫。

▼**繪圖筆（代針筆）**：若是耐水性款式的話，可以之後再著色。只要準備0.5／0.3／0.1mm等粗細不同的筆，就會很方便。

▼**墨筆（自來水筆）**：若是耐水性款式的話，可以之後再著色。能夠畫出具有變化的線條。

▼**色鉛筆**：由於種類可分成油性與水彩，所以請依照用途來選擇吧。進行最終潤飾時，若要呈現出質感等的話，兩者皆可以。

▼**麥克筆**：即使只用雙頭麥克筆塗一次，成色也會很棒。只要湊齊多種顏色，就能應付更加廣泛的呈現手法。

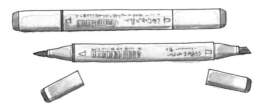

▼**不透明筆（白色、金色、銀色等）**：大多用於最終修飾。可以添加光澤，在深色部分上畫出花紋。

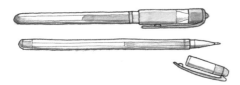

▼**直尺**：最好準備30公分左右的直尺。透明款式會比較方便觀看。

▼**橡皮擦**

▼**彎尺**：主要用於服裝平面圖。西式裁縫專用的打版用縮尺也很好用。

▶**軟橡皮擦**：想要留下淡淡的草圖時，會很方便。

▼**透明水彩顏料**：具有透明感，呈現方式很廣泛，像是疊色、暈染效果等。大多會先把凝固的顏料放在調色盤上，再一邊溶解顏料，一邊使用。

▼**不透明水彩顏料**：只要塗一次就能確實地呈現出顏色，也可以疊上其他顏色。想要在深色部分畫出花紋時，會很方便。

▼**調色盤**：有把每個區域隔開來的調色盤會比較方便。

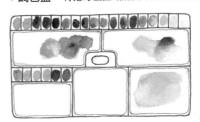

▶**水桶**：用來洗水彩筆的容器。也可以使用沒有在用的杯子等物來當作水桶。

▼**畫筆**：使用柔軟動物毛製成的筆，適合用來描繪含有大量水分的畫面。最好也要同時準備有彈性的畫筆。

◀**軟式粉彩筆**：只要透過柔和的質感來擦拭，就會形成輕飄飄的溫和風格。只要在人物的背景中輕輕地添加顏色，就會很好看。

◀**硬式粉彩筆**：雖然也可以直接畫，但若使用美工刀等來將其削成粉狀的話，使用感就會很接近軟式粉彩筆。

◀**油性粉彩筆（蠟筆）**：具備黏稠的質感與耐水性。雖然不適合用於描繪細節，但可以用來畫觸感粗糙的針織品與羊毛製品。

不同畫材所呈現出來的線條差異

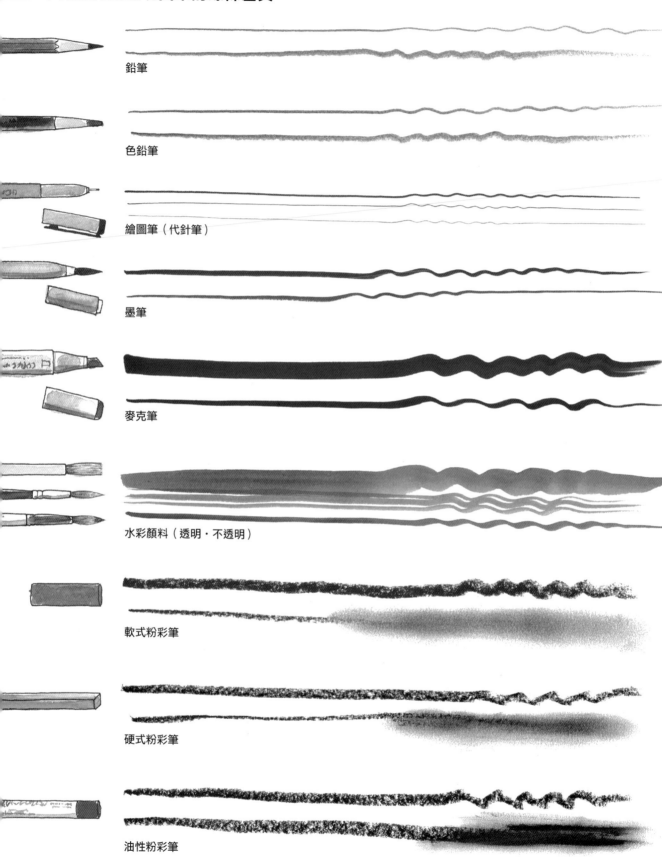

鉛筆

色鉛筆

繪圖筆（代針筆）

墨筆

麥克筆

水彩顏料（透明・不透明）

軟式粉彩筆

硬式粉彩筆

油性粉彩筆

鉛筆的使用練習

在流行服飾插畫中，會畫出線條與圖形來呈現出各種設計。為了能夠畫出想像中的線條，首先請練習畫出10公分左右的線條，一邊反覆練習，一邊逐漸地熟練，讓自己能一口氣畫出30公分左右的長線條。

由於鉛筆的筆芯很軟，容易調整力道，所以能透過很小的力道來畫出長線條。能夠為線條增添變化，也是鉛筆的優點。雖然在仔細描繪細節部分時，自動鉛筆也會派上用場，但還是先試著習慣用鉛筆作畫吧。

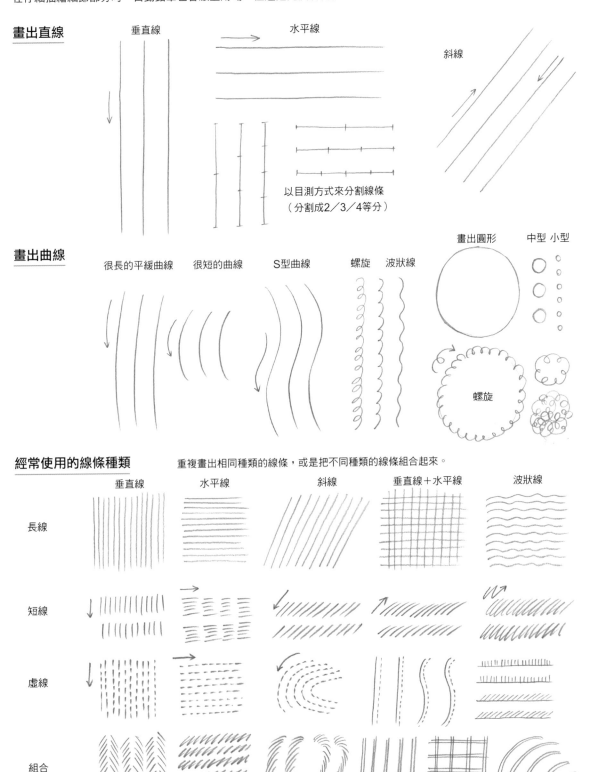

畫出直線

垂直線　　水平線　　斜線

以目測方式來分割線條
（分割成2／3／4等分）

畫出曲線

很長的平緩曲線　　很短的曲線　　S型曲線　　螺旋　　波狀線　　畫出圓形　　中型　小型

螺旋

經常使用的線條種類

重複畫出相同種類的線條，或是把不同種類的線條組合起來。

	垂直線	水平線	斜線	垂直線＋水平線	波狀線
長線					
短線					
虛線					
組合					

只要熟悉畫材，變得能夠熟練地畫出線條後，就能輕易地加上花紋！

Balance of
Human
Body

01

人體的平衡

人體的比例

在繪製流行服飾插畫時，會採用8頭身來作為基本的平衡。應該也有人會覺得，比起實際的人物，頸部與腳會比較長，頭部也較小。雖然人物插畫有很多種，但在時尚設計中，為了以簡單易懂的方式來舒暢地展現「服裝」的設計，所以8頭身被視為理想的平衡比例。

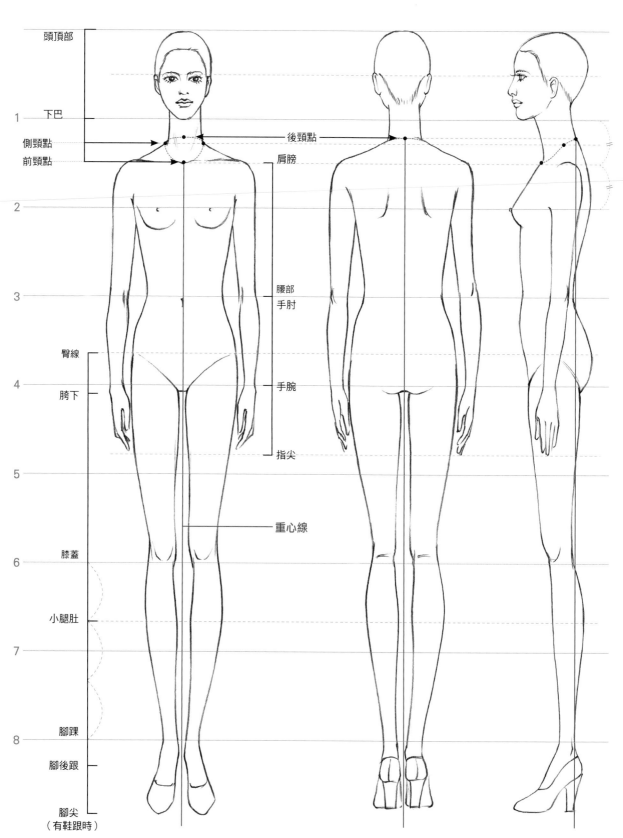

頭頂部

1　下巴

側頸點
前頸點

後頸點

肩膀

2

腰部
手肘

3

臀線

4　胯下

手腕

指尖

5

重心線

膝蓋

6

小腿肚

7

腳踝

8

腳後跟

腳尖
（有鞋跟時）

在8頭身的身材比例中，由於身高與身體寬度之間會達到理想的平衡，所以會形成美麗的人體。身體寬度太瘦或太胖都不行。試著將臉部寬度與身體寬度套用以下的比例吧。

基準	【正面】臉寬＝0.6倍	胸寬＝1.1～1.2倍	腰寬＝0.8倍	臀寬＝1.2倍
把1頭身當成1	【側面】臉寬＝0.9倍	胸寬＝0.9倍	腰寬＝0.6倍	臀寬＝0.8倍

繪製時尚插畫時，並不會總是使用固定的尺寸來畫。當紙張的尺寸改變時，會配合紙張尺寸來決定全身的尺寸。若是A4紙的話，1頭身會設定成約3公分，若是B4紙的話，1頭身則會設定成約4公分。只要採用這種設定，繪製全身時，尺寸就會變得剛剛好。當1頭身為3公分時，胸寬為3.3～3.6公分，腰寬為2.4公分，臀寬為3.6公分。那麼，試著畫出人體吧。

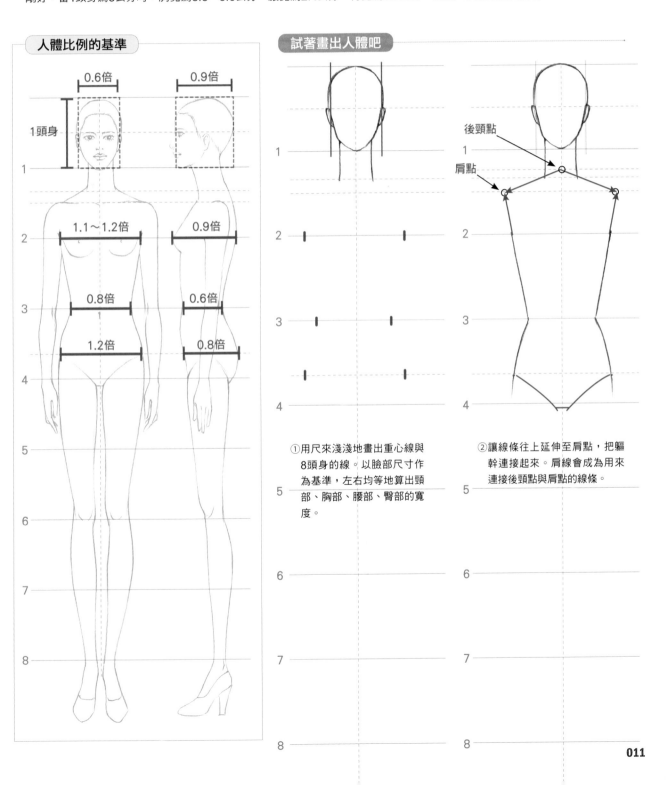

人體比例的基準

試著畫出人體吧

後頸點

肩點

①用尺來淺淺地畫出重心線與8頭身的線。以臉部尺寸作為基準，左右均等地算出頸部、胸部、腰部、臀部的寬度。

②讓線條往上延伸至肩點，把軀幹連接起來。肩線會成為用來連接後頸點與肩點的線條。

③畫出手臂和腳。只要先使用直線來畫出手臂和腳的長度，再使用淺淺的引導線來畫出關節位置、手腕寬度、腳踝寬度，就會變得很容易畫。

④對手臂和腳進行潤飾（手臂的詳細畫法→p.24、腳的詳細畫法→p.26）。留意突出與內凹的部分，用曲線來連接這些部分。

⑤畫出指尖、腳尖。兩者的長度皆約為1頭身的4分之3。要多加留意，避免將其畫得比那更小。

⑥畫出胸部、肚臍。
⑦畫出臉部、髮際。

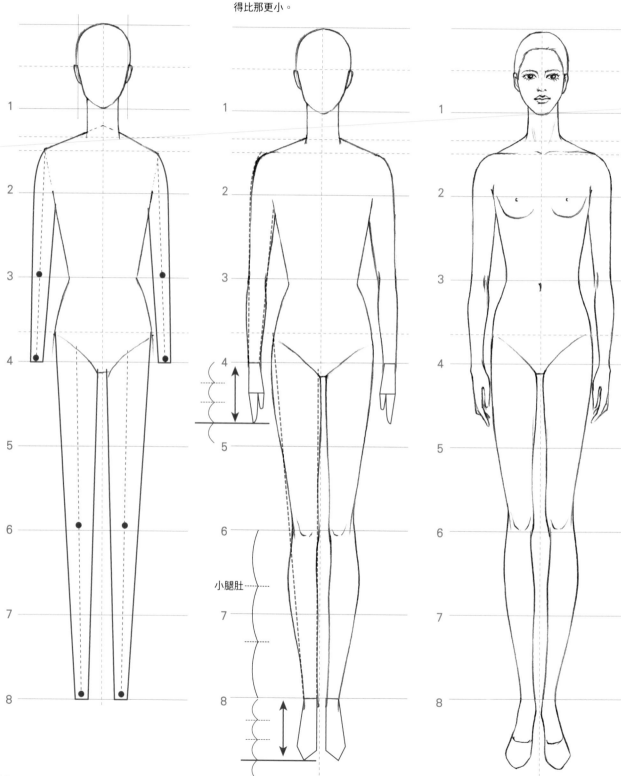

小腿肚

姿勢的變化

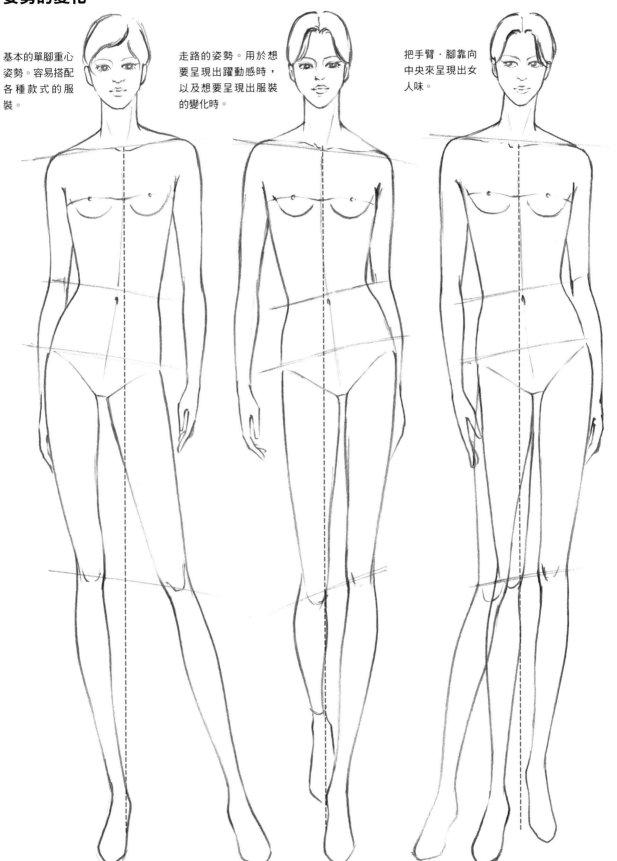

基本的單腳重心
姿勢。容易搭配
各種款式的服
裝。

走路的姿勢。用於想
要呈現出躍動感時,
以及想要呈現出服裝
的變化時。

把手臂·腳靠向
中央來呈現出女
人味。

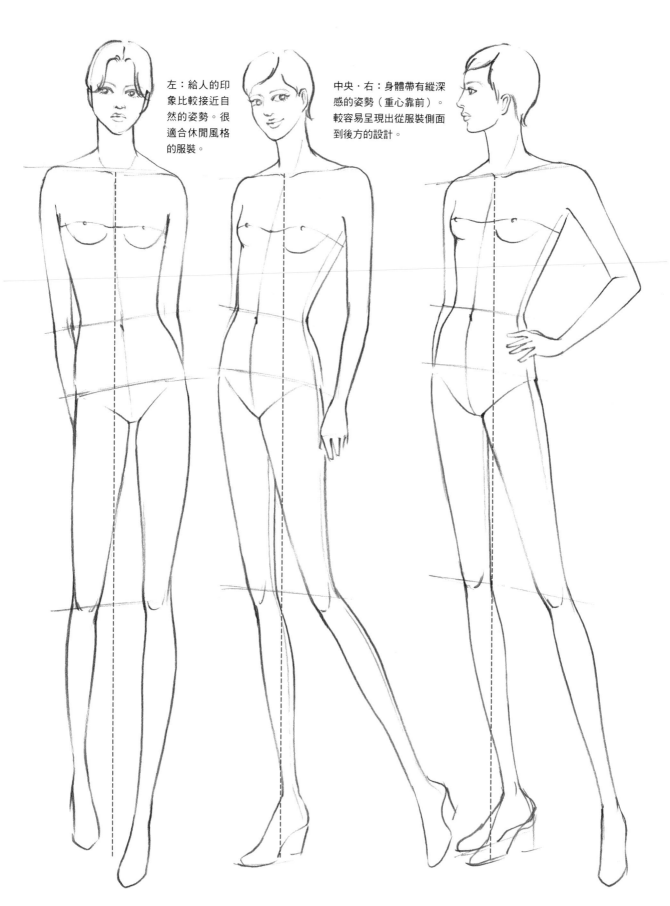

左：給人的印象比較接近自然的姿勢。很適合休閒風格的服裝。

中央・右：身體帶有縱深感的姿勢（重心靠前）。較容易呈現出從服裝側面到後方的設計。

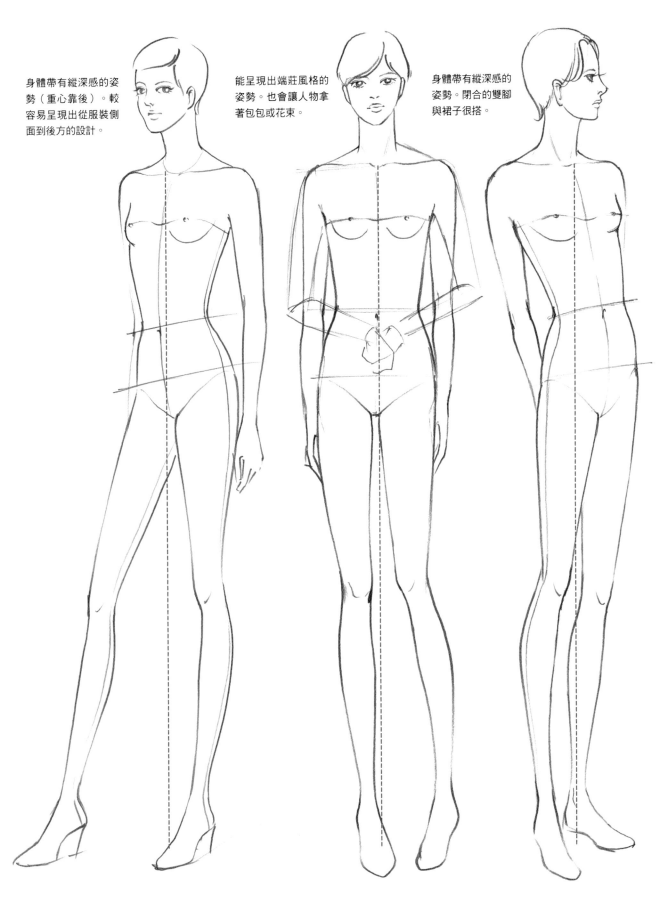

身體帶有縱深感的姿勢（重心靠後）。較容易呈現出從服裝側面到後方的設計。

能呈現出端莊風格的姿勢。也會讓人物拿著包包或花束。

身體帶有縱深感的姿勢。閉合的雙腳與裙子很搭。

畫出重心移動的姿勢

一邊確實地掌握重心的位置,一邊畫出身體重心有所移動的姿勢。由於用來承受體重的腳會成為「支撐腳」,所以重點在於,要確實地讓該腳著地。

只要從正面的頸點垂直地畫出重心線,支撐腳的腳踝就會變得很靠近重心線。支撐腳側的腰部位於傾斜度很大的位置,也是單腳重心姿勢的特徵。

另一隻腳叫做「擺動腳」,自由度很高,只要決定重心腳後,就能讓擺動腳閉合或打開,做出各種變化。

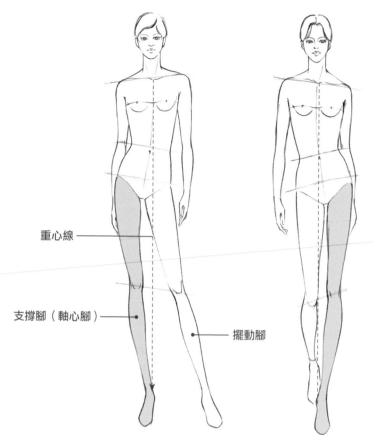

重心線

支撐腳(軸心腳)

擺動腳

試著畫出單腳重心姿勢吧

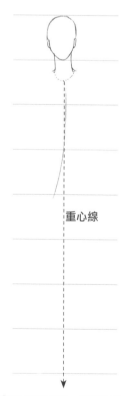

重心線

① 從正面的頸點,垂直地畫出重心線,呈現出身體的中心。

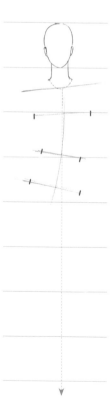

② 在腰部線條中,承受體重那側的腰部會往上傾斜。配合該處來畫出肩線、胸部、臀部的引導線。以身體的中心線為基準,左右均等地測量出身體寬度的尺寸。

③ 把用來表示身體寬度的線條與肩線連起來。

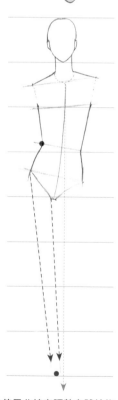

④ 使用曲線來調整身體線條。畫出支撐腳(軸心腳)的引導線。

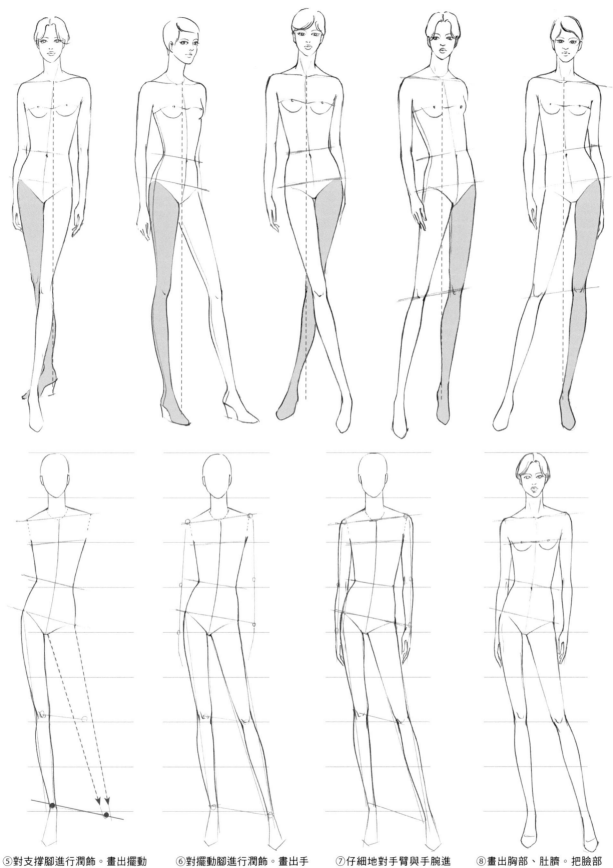

⑤對支撐腳進行潤飾。畫出擺動
　腳的引導線。依照腰部的傾斜
　度，腳也要配置得稍微傾斜一
　點。

⑥對擺動腳進行潤飾。畫出手
　臂的引導線。

⑦仔細地對手臂與手腕進
　行潤飾。

⑧畫出胸部、肚臍。把臉部
　與腳尖都調整好後，就完
　成了。

來記住臉部五官的基本分布位置吧（依照年齡，分布位置會稍微產生變化）。繪製相同人物時，在3種視角（正面‧側面‧斜側面）中，都要避免鼻子較高的部分與嘴唇厚度等處的分布位置出現偏差。

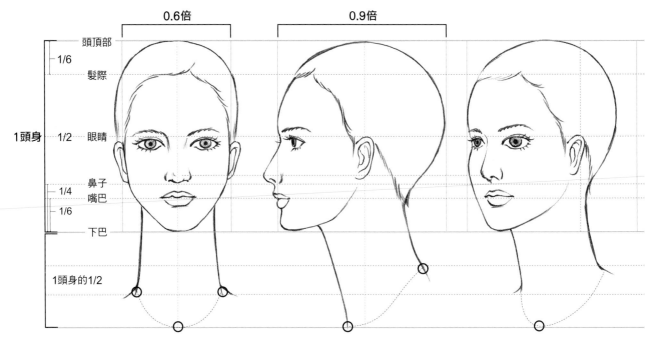

【眼睛】正面　測量出眼睛的輪廓，畫出瞳孔。讓瞳孔像是稍微掛在上眼瞼上。

【眼睛】側面　寬度大約為從正面看到時的一半。

【鼻子】正面　以最高處中心，勾勒出有立體感的輪廓。

【鼻子】斜側面　以中心為基準，把後側部分的寬度畫得較窄。

【嘴巴】正面　決定嘴唇閉合時的線條，測量出上下兩側的嘴唇厚度。

【嘴巴】斜側面　以中心為基準，把後側部分的寬度畫得較窄。

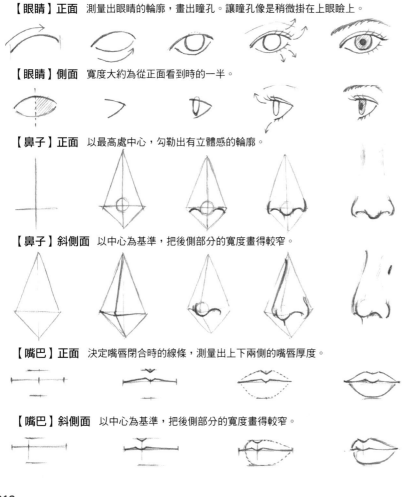

【眼睛的變化】

眉毛也會受到流行趨勢影響。依照時代來為眉毛的寬度與角度增添變化。

【鼻子】

正面　　側面

【嘴巴的變化】

依照喜好來調整嘴唇的厚度。

正面

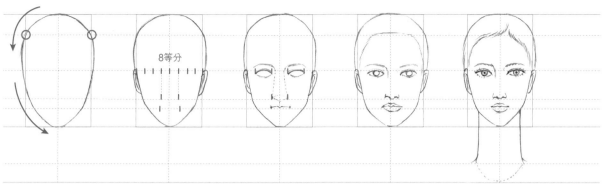

①讓頭部的頭蓋骨比基準線來得寬

②在1/2的線條上，把線條分成8等份。同時，也要事先標記出鼻子、嘴巴的位置。嘴巴寬度要畫得稍微寬一點。

③眼睛與鼻子大約會佔據2份。上眼瞼的位置大約會落在1/2的線條上。

④概略地畫出臉部的五官。

⑤仔細地畫出細節，進行調整。

側面

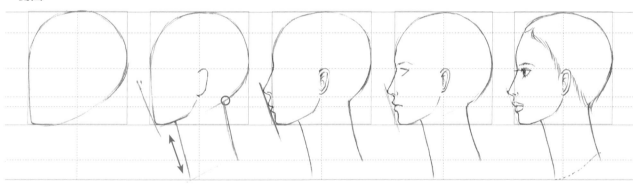

①不要在意臉部五官的凹凸起伏，先畫出概略的輪廓。

②畫出頸部。在畫側面視角的頸部時，要讓傾斜度稍微大一點。耳朵大約位於臉部寬度的一半處。

③在畫鼻子、嘴唇、下巴時，只要多留意傾斜的線條，就能取得優美的平衡。

④概略地畫出臉部的五官。

⑤仔細地畫出細節，進行調整。

斜側面

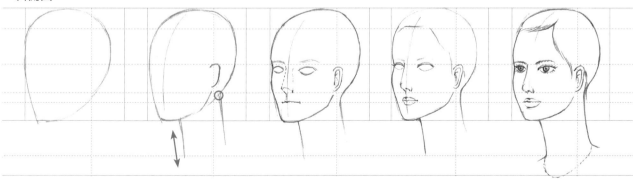

①不要在意臉部五官的凹凸起伏，先畫出概略的輪廓。

②畫出頸部。傾斜度會變得比側面視角來得小。

③把後側的五官寬度畫得較狹窄。要讓鼻子的人中與嘴唇中心對齊。

④概略地畫出臉部的五官。

⑤仔細地畫出細節，進行調整。

作畫時,要留意髮流的起點與頭髮生長方向。在呈現流行趨勢時,髮型是非常重要的部分。試著畫出符合時代的各種髮型的素描吧。

在呈現頭髮的蓬鬆感時,請多留意,避免讓頭皮高度(頭部的尺寸)產生變化吧。之後在上色時,要把在草圖中畫出的髮流控制在最低限度,使用畫材來畫出顏色與髮流。

與頭皮的距離過遠

不要把輪廓畫成全都相連
在一起,而是要
畫出髮流。

較長的髮型

較短的髮型

盤髮造型

帽子

帽子具備防寒或遮陽的用途，也有人會將帽子當成一種時尚配件。必須掌握頭部的圓形，呈現出縱深感。試著把用來覆蓋頭部的部分（帽身crown）當成一個圓形，把頭部圍起來。然後再依照帽身來加上帽檐（帽沿）的部分（帽緣brim或帽舌visor）。先仔細觀察實物或照片等，再畫出素描吧。

帽身

帽緣

帽頂扣
（top button）

帽身

帽舌

作畫時要留意帽身的方向。

費多拉帽
（禮帽）

貝雷帽

鬱金香帽

費多拉帽（禮帽）

棒球帽

平頂草帽

針織帽

報童帽

貝雷帽

寬簷帽

漁夫帽

布列塔尼帽

博勒帽

獵帽

飛行帽

無邊小圓帽

023

繪製時尚插畫時,要選擇能讓人比較容易看到袖子設計的手臂與指尖姿勢。有時候,也會讓手伸入口袋內來傳達口袋的設計,或是讓手抓住裙襬來發揮輔助作用。

不過,有時也會省略手指的描繪。為了避免因過度拘泥於細節而導致尺寸出錯,首先在作畫時,請試著把手背和手指當成一個區塊吧。

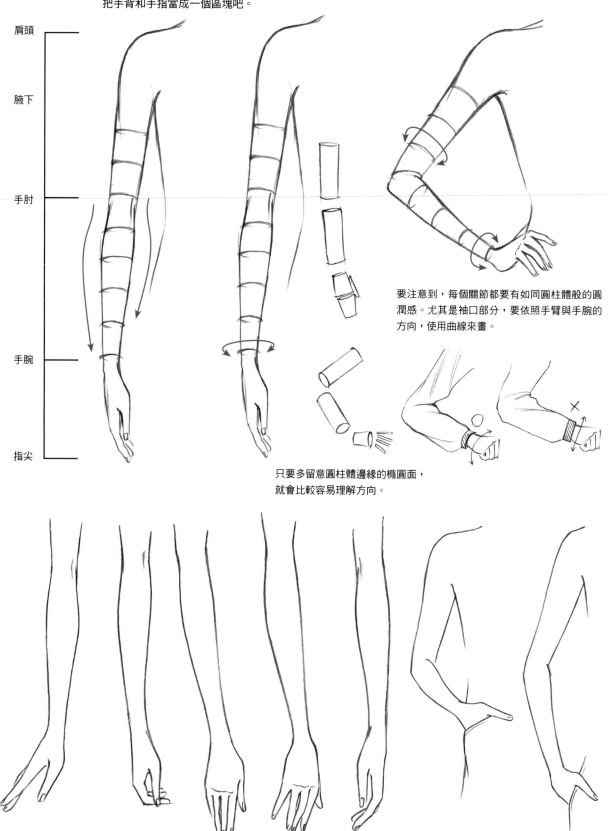

肩頭

腋下

手肘

手腕

指尖

要注意到,每個關節都要有如同圓柱體般的圓潤感。尤其是袖口部分,要依照手臂與手腕的方向,使用曲線來畫。

只要多留意圓柱體邊緣的橢圓面,就會比較容易理解方向。

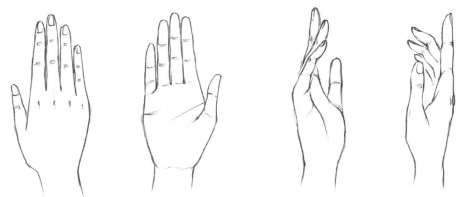

由於在繪製時尚插畫時，大多會從正面來描繪人體，所以會經常使用從側面看到的指尖。
雖然正面視角與側面視角的指尖長度不會產生變化，但手腕寬度與手背部分的厚度會產生很大的變化。

手背

手指

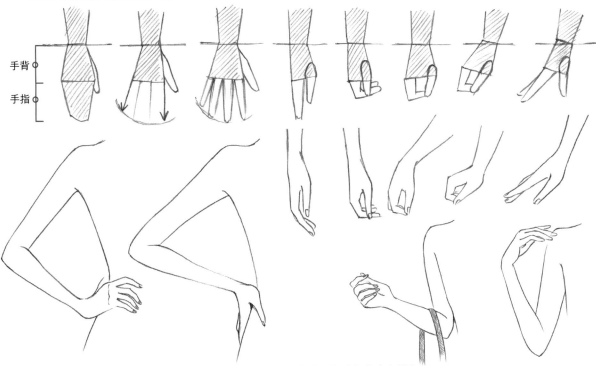

當手上拿著包包等行李時，依照包包的尺寸與重量，手腕的角度與握法都會產生變化。

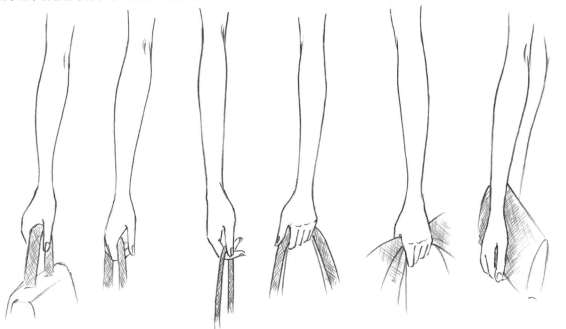

腳和鞋子

在時尚插畫中，腳大約會佔據人體的一半。使用長曲線畫出來的腳雖然很美，但在熟練之前，作畫難度很高。一開始在畫腳時，即使把短線連接成長線也無妨，但要避免讓不需要的線條過度重疊。
要多留意骨骼與肌肉所造成的凹凸起伏，「從大腿根部到膝蓋」、「從膝蓋到腳踝」的每個關節的長度，都要一口氣畫出來。

「膝蓋」與「腳尖」的方向大致相同。
要多留意，避免膝蓋、腳踝、腳尖的方向
變得不協調。

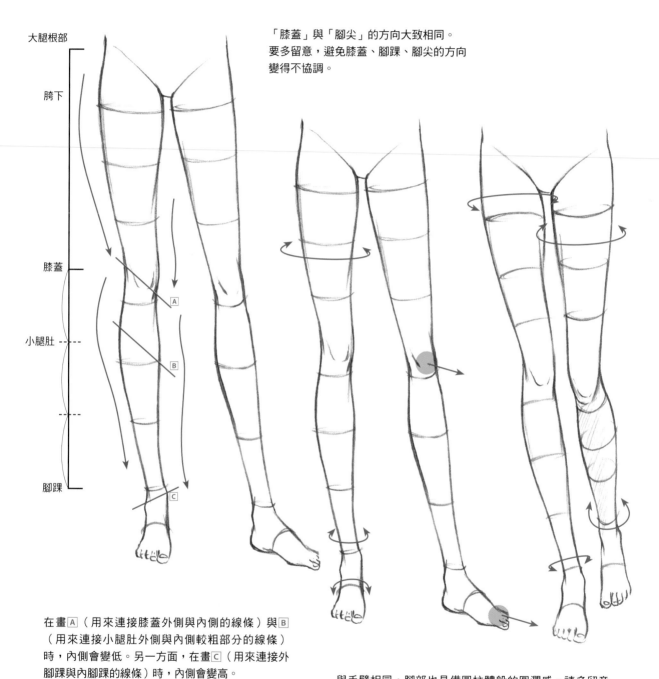

大腿根部

胯下

膝蓋

小腿肚

腳踝

在畫 A （用來連接膝蓋外側與內側的線條）與 B
（用來連接小腿肚外側與內側較粗部分的線條）
時，內側會變低。另一方面，在畫 C （用來連接外
腳踝與內腳踝的線條）時，內側會變高。

與手臂相同，腳部也具備圓柱體般的圓潤感。請多留意
兩側的彎曲弧度吧。

在畫鞋子時，大多會採用正面或斜向視角。尤其是在正面視角中，由於看不到腳後跟與鞋跟部分，所以會透過腳背的長度來表示鞋跟的高度。請先好好地思考想要讓人物穿上的鞋子的具體設計形象，再開始畫吧。

腳的外觀

腳後跟接觸地面（沒有鞋跟）　　　　　　　　　腳後跟抬起（有鞋跟）

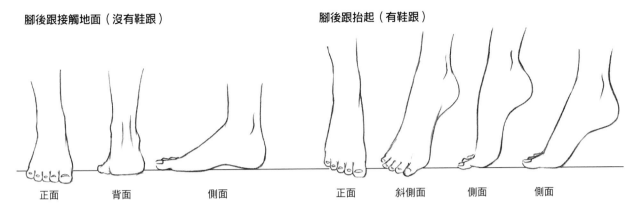

正面　　　　背面　　　　側面　　　　　　正面　　　斜側面　　側面　　　側面

鞋跟的高度與腳背的外觀（正面）

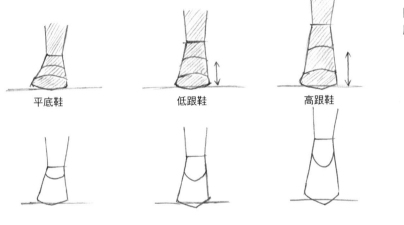

平底鞋　　　　　低跟鞋　　　　　高跟鞋

隨著鞋跟變高，可以看到的腳背範圍也會變大。

鞋跟的高度與腳後跟的角度（側面）

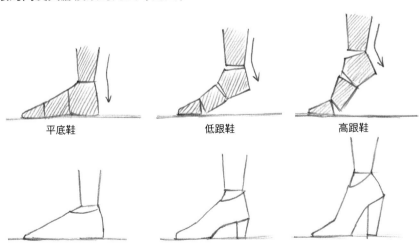

平底鞋　　　　　低跟鞋　　　　　高跟鞋

鞋跟一旦變高，腳部、腳趾、腳心、腳後跟這4個區塊之間的角度就會產生變化。

在思考人物當天所穿的服裝時，大多也會把鞋子視為服裝搭配的一部分吧。首先要決定鞋子的種類（涼鞋、運動鞋、皮鞋、長靴等），接著再專注於該鞋子的特色，像是輪廓（整體的形狀）、腳後跟部分的高度、配色、材質等。不要一開始就仔細畫出細節，先把輪廓畫成草圖吧。

■ 畫出穿上鞋子的腳

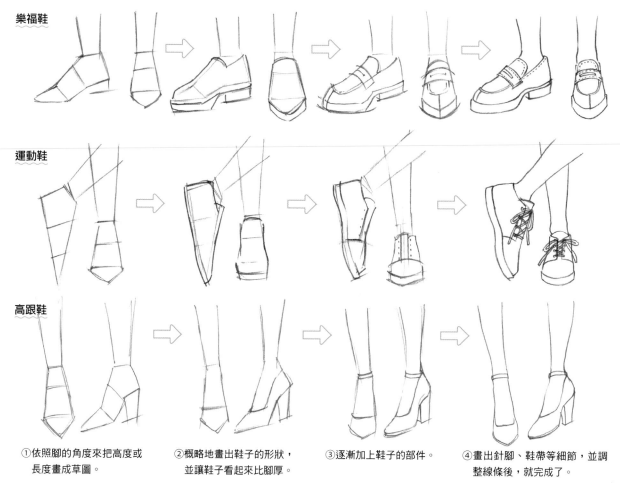

樂福鞋

運動鞋

高跟鞋

①依照腳的角度來把高度或長度畫成草圖。　②概略地畫出鞋子的形狀，並讓鞋子看起來比腳厚。　③逐漸加上鞋子的部件。　④畫出針腳、鞋帶等細節，並調整線條後，就完成了。

■ 鞋子的構造

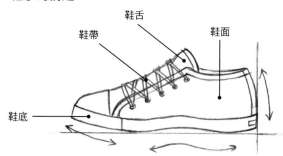

鞋舌
鞋帶
鞋面
鞋底

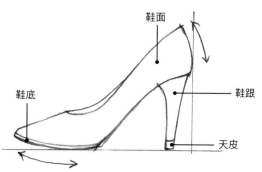

鞋面
鞋跟
鞋底
天皮

運動鞋的緩衝性良好，鞋底的厚度也各有不同。腳尖部分會稍微懸空。用來穿過鞋帶的鞋眼會間隔地配置，並依照孔洞來穿鞋帶。想要呈現更寫實的感覺時，會再畫上針腳、鞋底的設計。

腳後跟的傾斜程度會依照鞋跟高度而產生變化，鞋跟愈高，腳後跟會變得愈傾斜。讓鞋底朝著腳尖方向稍微懸空。繪製鞋底與鞋跟底部時，要核對高度。

鞋子的變化

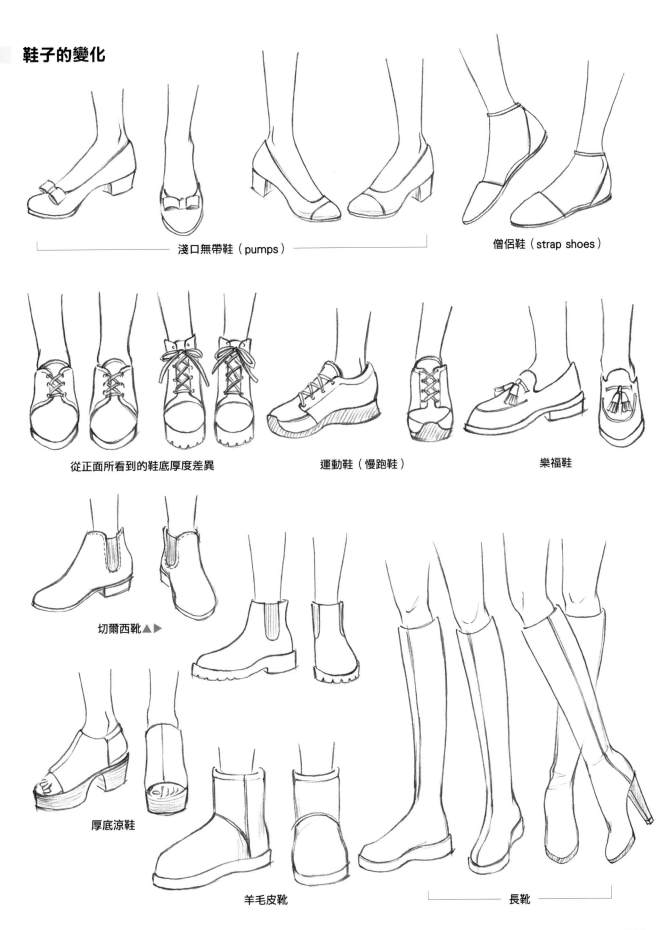

淺口無帶鞋（pumps）

僧侶鞋（strap shoes）

從正面所看到的鞋底厚度差異

運動鞋（慢跑鞋）

樂福鞋

切爾西靴 ▲▶

厚底涼鞋

羊毛皮靴

長靴

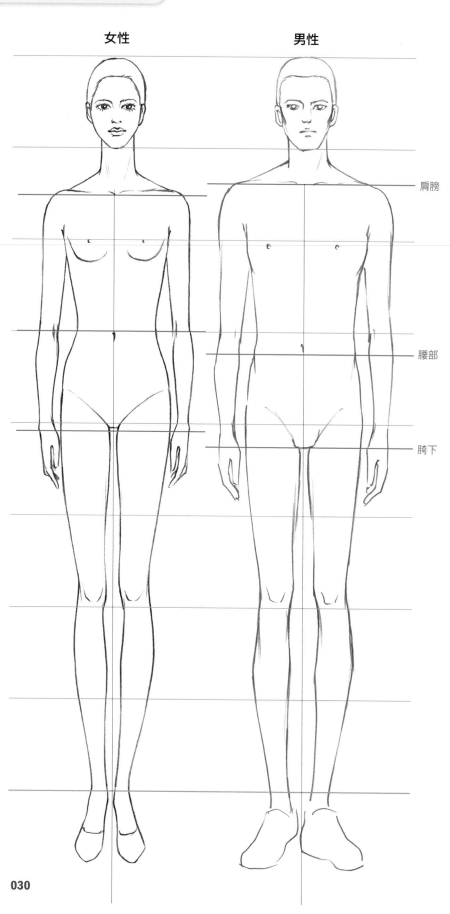

女性　　　　　　男性

肩膀

腰部

胯下

與女性體型比例之間的差異

- ・整體上，身體線條較筆直（女性的身體線條較彎曲）
- ・脖子較粗。
- ・領口、肩點的位置較高。
- ・胸部、腰部、臀部之間的差異較小
- ・腰部位置較低。
- ・胯下位置較低。
- ・關節較粗。

依照肌肉的鍛鍊方式來讓體型產生變化，畫出健壯體型或瘦長體型。想要呈現出運動服之類的活潑印象時，也可以採用稍微誇張一點的畫法。

臉部的基本平衡

畫法的重點

・下巴不要畫得過於尖銳。
・五官位置要比女性稍微高一點。
・整體上要用較筆直的線條來畫。
・把髮際線畫成方形（女性的髮際線較為圓潤）。

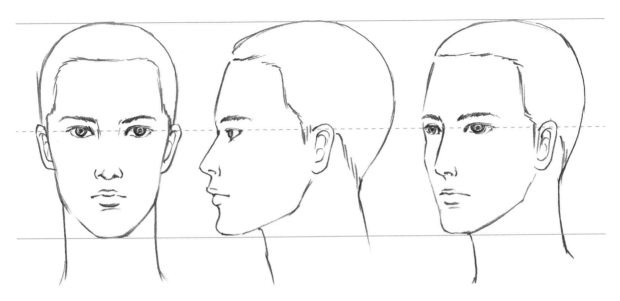

髮型的變化

依照不同時代，流行的髮型也不同。
二分區髮型、燙髮、是否有瀏海……也要依照服裝來搭配髮型。

姿勢的變化

與女性相比，在畫男性的姿勢時，常會使用動作較小的姿勢。把手插進上衣或褲子口袋中的姿勢，也較容易呈現出服裝的設計。

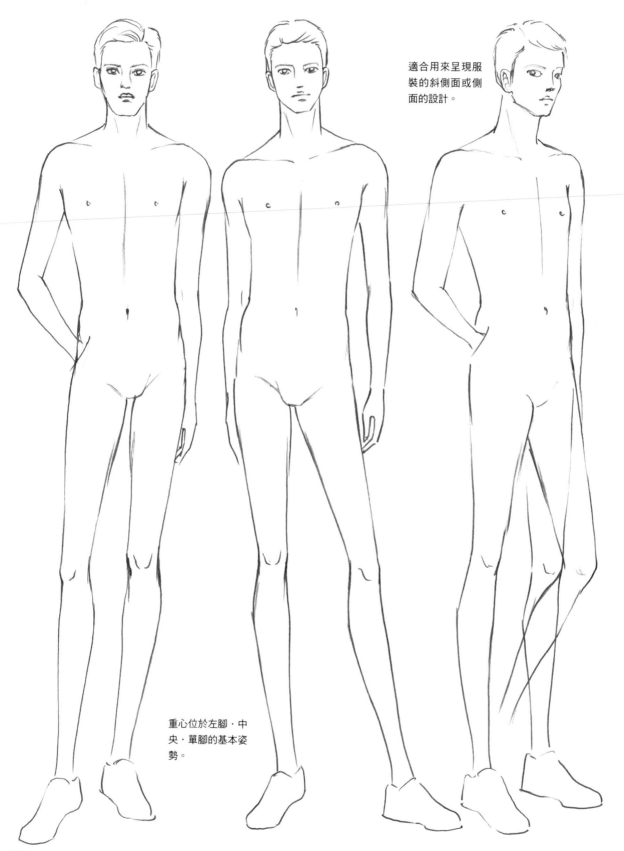

適合用來呈現服裝的斜側面或側面的設計。

重心位於左腳・中央・單腳的基本姿勢。

最適合用於想
要呈現出皺褶
或布料的方向
時。

適合用於呈現服
裝的斜側面或側
面的設計。

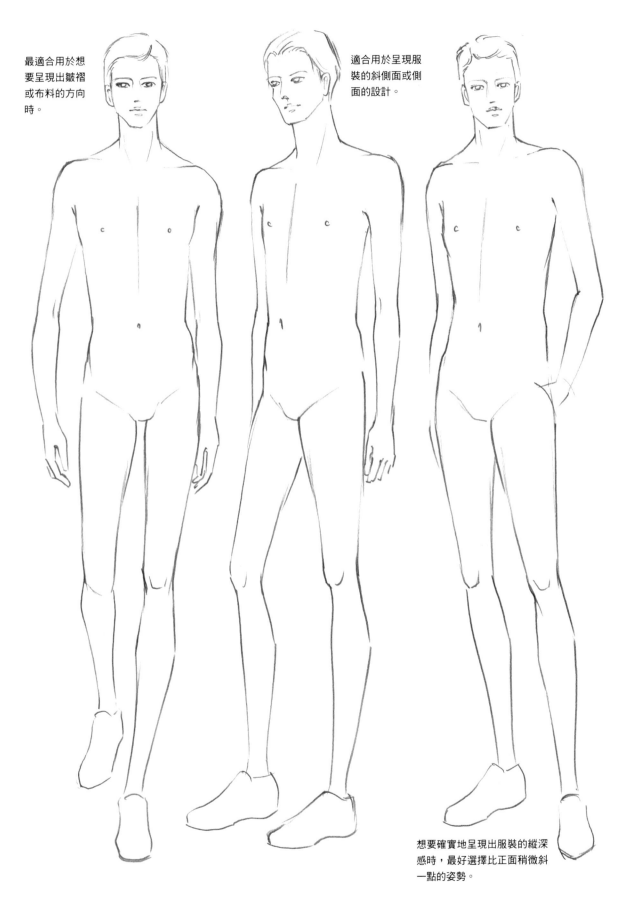

想要確實地呈現出服裝的縱深
感時，最好選擇比正面稍微斜
一點的姿勢。

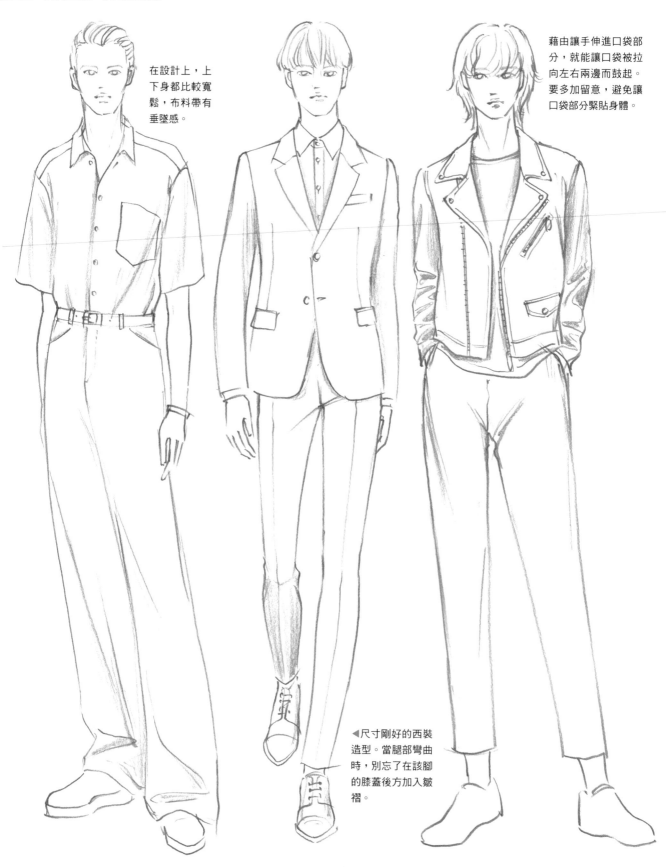

在設計上，上下身都比較寬鬆，布料帶有垂墜感。

藉由讓手伸進口袋部分，就能讓口袋被拉向左右兩邊而鼓起。要多加留意，避免讓口袋部分緊貼身體。

◀尺寸剛好的西裝造型。當腿部彎曲時，別忘了在該腳的膝蓋後方加入皺褶。

Human
Body
and
Cloths

02
人體與布料

布料的變化與皺褶之間的關係

在畫皺褶時，會有2種理由。

A 讓人物著裝後，想要加上動作時

- 採取重心位於其中一側的姿勢，人體會產生動作，像是
  走路、彎曲手臂或膝蓋等動作。
- 如同捲起袖子時那樣，透過動作來讓布料縮成一團。

B 在服裝中加入皺褶來作為設計的一部分

- 讓細褶（gathers）聚集在一起。
- 在設計中加入垂綴（drape）。
- 透過記號縫合法（縫合到某個記號就停止的方法）或扣
  具來讓布料落下。

重力所導致的皺褶

試著透過各種狀態，來讓縫製成服裝前的布料垂下吧。若布料只被1點支撐住的話，其他部分就會自然地落下。透過2點來支
撐布料時，藉由改變各自的位置，皺褶的表情就會產生變化。

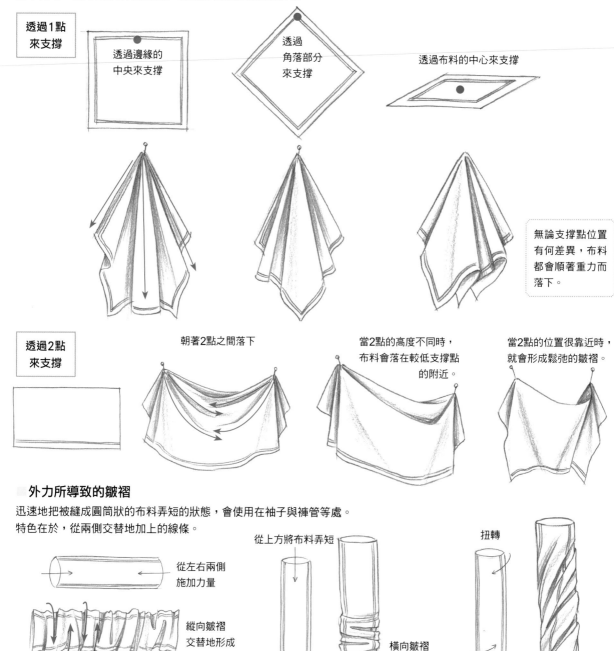

透過1點
來支撐

透過邊緣的
中央來支撐

透過
角落部分
來支撐

透過布料的中心來支撐

無論支撐點位置
有何差異，布料
都會順著重力而
落下。

透過2點
來支撐

朝著2點之間落下

當2點的高度不同時，
布料會落在較低支撐點
的附近。

當2點的位置很靠近時，
就會形成鬆弛的皺褶。

外力所導致的皺褶

迅速地把被縫成圓筒狀的布料弄短的狀態，會使用在袖子與褲管等處。
特色在於，從兩側交替地加上的線條。

從左右兩側
施加力量

縱向皺褶
交替地形成

從上方將布料弄短

橫向皺褶
交替地形成

扭轉

加上斜向的皺褶

■ 動作所導致的皺褶

這種形狀的皺褶特別常見於手肘、髖關節、膝蓋等關節部分。
當布料「勾住」或是「被用力拉住」時，就會形成這種皺褶。

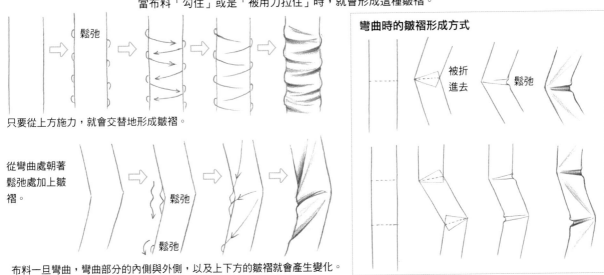

只要從上方施力，就會交替地形成皺褶。

從彎曲處朝著
鬆弛處加上皺
褶。

彎曲時的皺褶形成方式

布料一旦彎曲，彎曲部分的內側與外側，以及上下方的皺褶就會產生變化。

■ 試著觀察服裝上的皺褶吧

由於透過腰帶可以突顯腰部，所以上下兩側都會形成大約相同程度的隆起部分。

把較寬鬆的上衣紮進下身服裝中。

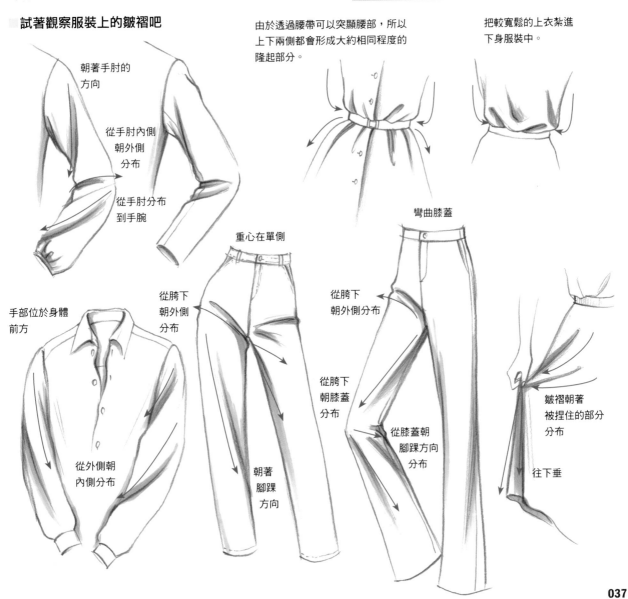

畫出皺褶與褶痕的素描

為了瞭解布料的特性與變化，來畫素描吧。
藉由試著親手畫出素描，就會「察覺」到很多事，像是線條的連接方式、陰影的畫法等。

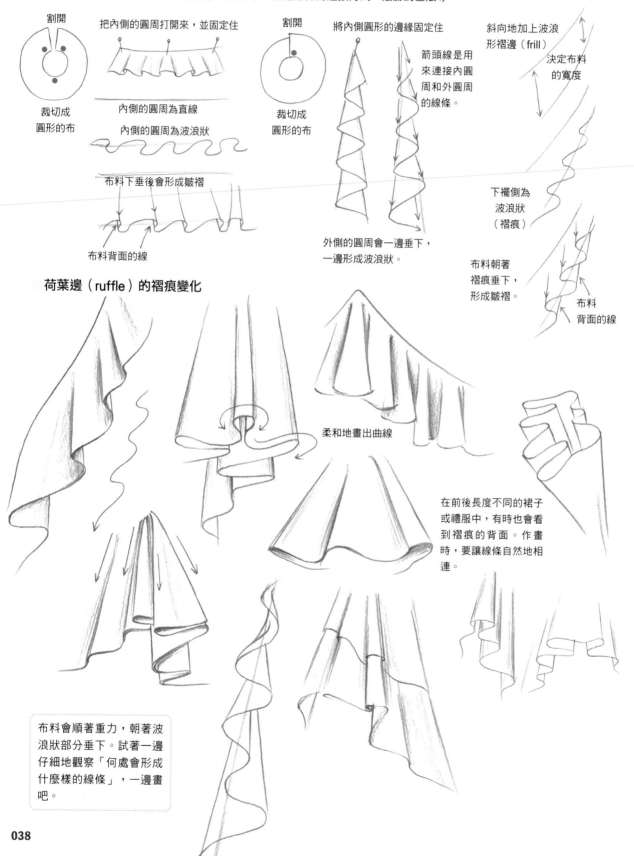

割開

把內側的圓周打開來，並固定住

裁切成
圓形的布

內側的圓周為直線

內側的圓周為波浪狀

布料下垂後會形成皺褶

布料背面的線

割開

將內側圓形的邊緣固定住

箭頭線是用
來連接內圓
周和外圓周
的線條。

裁切成
圓形的布

外側的圓周會一邊垂下，
一邊形成波浪狀。

斜向地加上波浪
形褶邊（frill）

決定布料
的寬度

下襬側為
波浪狀
（褶痕）

布料朝著
褶痕垂下，
形成皺褶。

布料
背面的線

荷葉邊（ruffle）的褶痕變化

柔和地畫出曲線

在前後長度不同的裙子
或禮服中，有時也會看
到褶痕的背面。作畫
時，要讓線條自然地相
連。

布料會順著重力，朝著波
浪狀部分垂下。試著一邊
仔細地觀察「何處會形成
什麼樣的線條」，一邊畫
吧。

■ 褶襉（pleats）的褶痕變化

多留意褶襉的方向，也試著把褶痕打開來的部分畫成素描。

讓褶襉的寬度、摺疊方式增添更多變化吧。

在罩衫（blouse）等服裝的袖子或裙子當中，常會看到層數很多的褶襉。

在裙子中，經常會看到這種褶襉。

在舞台服裝與戲服當中，也能見到大膽的設計或大尺碼的設計。

畫出細褶（gathers）的素描

會拉動用來縫合布料的線，使褶痕聚集在一起的就是細褶。

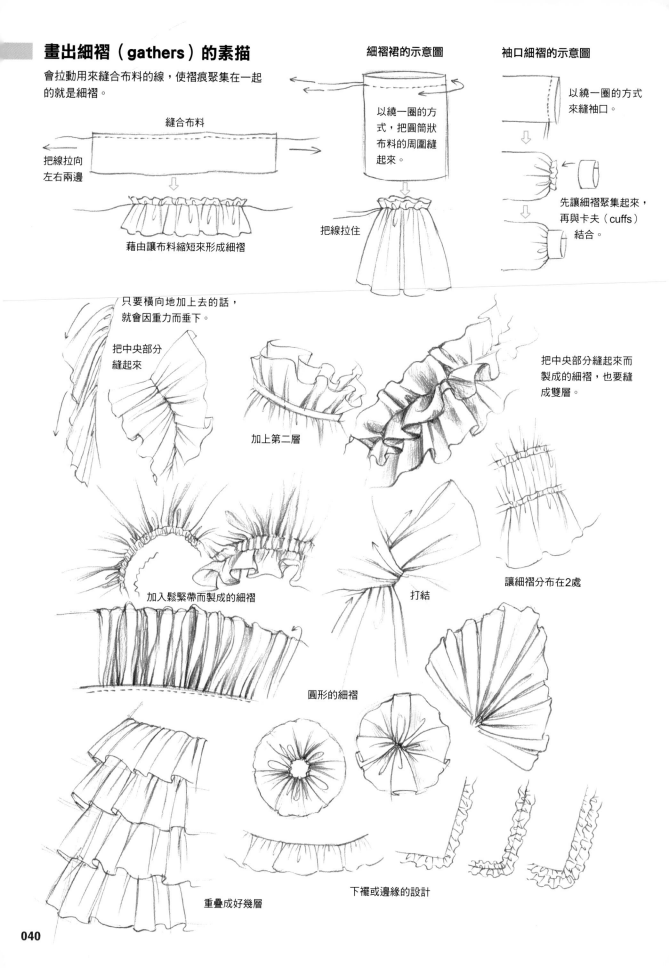

縫合布料

把線拉向左右兩邊

藉由讓布料縮短來形成細褶

細褶裙的示意圖

以繞一圈的方式，把圓筒狀布料的周圍縫起來。

把線拉住

袖口細褶的示意圖

以繞一圈的方式來縫袖口。

先讓細褶聚集起來，再與卡夫（cuffs）結合。

只要橫向地加上去的話，就會因重力而垂下。

把中央部分縫起來

加上第二層

把中央部分縫起來而製成的細褶，也要縫成雙層。

加入鬆緊帶而製成的細褶

讓細褶分布在2處

打結

圓形的細褶

重疊成好幾層

下襬或邊緣的設計

垂綴（drape）的呈現方式

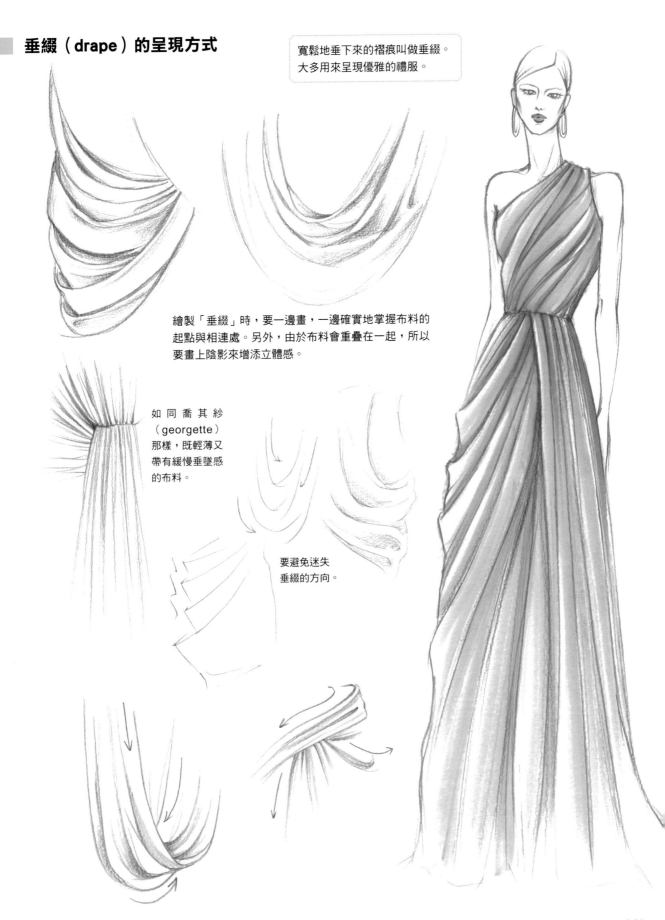

寬鬆地垂下來的褶痕叫做垂綴。
大多用來呈現優雅的禮服。

繪製「垂綴」時，要一邊畫，一邊確實地掌握布料的
起點與相連處。另外，由於布料會重疊在一起，所以
要畫上陰影來增添立體感。

如同喬其紗
（georgette）
那樣，既輕薄又
帶有緩慢垂墜感
的布料。

要避免迷失
垂綴的方向。

材質的差異

在畫布料時，必須要先了解該布料。不過，這並不代表一開始就必須記住龐大的種類與正式名稱。盡量地透過自己的手來記住觸感與印象吧。試著把「感覺很像○○」的呈現方式筆記下來，應該也是不錯的方法吧。

| 蟬翼紗（organdy） | 喬其紗（georgette） | 緞布（satin） | 絲絨（velours） |

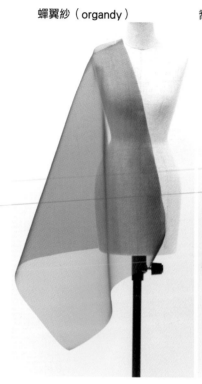   

材質很薄，相當透光。可以看到另一側。布料很挺拔。朝外側伸展開來時的線條很有特色。

材質很薄。與蟬翼紗相比，重量較重。具備滑順的質感。觸感有點涼爽。

具有光澤，觸感光滑。讓褶痕聚集起來後，會很漂亮。

觸感較黏，重量較重，表面蓬鬆，會如同喬其紗那樣一下子就落下。顏色很黑。

一旦能看到身體或襯裙等處的線條的話，就會感受到布料的透明感。

延展性較低，褶痕的線條會往下掉落。

在光線與陰影下，會出現顯而易見的差異。

由於重量較重，所以布料會緩緩地落下。延展性較低。

棉質細平布（broadcloth，較厚）	羊毛緞（較薄）	羊毛法蘭絨（較厚）

比白襯衫的布料稍微厚一點。布料很挺拔。容易形成皺褶。	常會在西裝布料中看到。觸感乾爽。重量比棉布重。	材質堅固厚實，會用於外套中。依照挺拔感與厚度，只要讓褶痕聚集起來，就會形成蓬鬆的輪廓。

進行彎曲關節等動作時，這種材質一旦產生皺摺，就容易呈現出布料的特色。具有挺拔感，服裝的輪廓容易變得較大。	縫製服裝時，會形成光滑的漂亮線條。最好加上少許光澤。	只要布料具有厚度，細小的褶痕就不會聚集在一起。與薄布料相比，曲線會大幅地蓬起。

透過線條來分別畫出差異

在一件衣服中，加入許多布料重疊、反折的部分。
藉由分別畫出線條差異，就能簡單易懂地增加想要傳達給第三者的資訊。

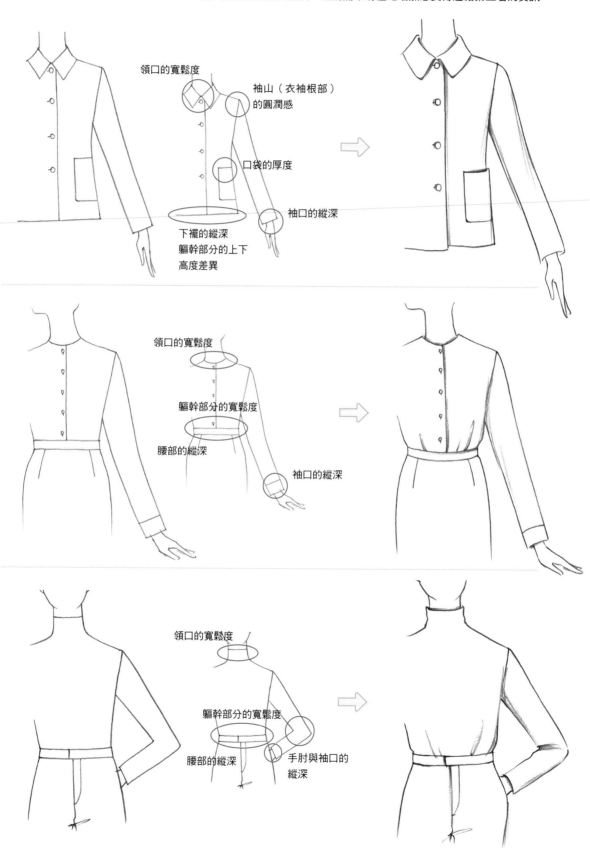

領口的寬鬆度

袖山（衣袖根部）
的圓潤感

口袋的厚度

袖口的縱深

下襬的縱深
軀幹部分的上下
高度差異

領口的寬鬆度

軀幹部分的寬鬆度

腰部的縱深

袖口的縱深

領口的寬鬆度

軀幹部分的寬鬆度

腰部的縱深

手肘與袖口的
縱深

■ 較薄的布料

夾克：當布料較為挺拔時,衣領轉角與腰部的皺褶要畫成較筆直的俐落線條。

裙子：要畫出帶有緩慢垂墜感的輕薄布料。布料下垂時的線條呈現方式很有特色。

■ 較厚的布料

夾克：為了呈現出柔軟蓬鬆的印象,所以要讓轉角部分帶有圓潤感。

裙子：波浪裙的褶痕的起伏程度會變大。

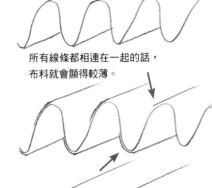

所有線條都相連在一起的話,布料就會顯得較薄。

在畫線時,稍微加上一點差異,就能讓人感受到布料的厚度。

衣袖：在畫袖口時,要稍微加上一點差異。

腰部周圍:加強服裝與腰帶之間的差異,多留意伸入內側的線條。

人體與布料之間的關係

雖然人體是立體結構，具有最細與隆起的部分，但在畫中，我們觸摸不到縱深與厚度。因此，要畫出線條與陰影來呈現出立體感。即使是把全身包覆起來，只有頸部、手臂、腿部留有開口的物體，也會形成服裝。像這樣，款式設計圖（繪圖）的加工愈少的話，身體與服裝之間就會產生較多空間（寬鬆感），不會突顯身體線條。

為了讓平面的布料能配合身體形狀，所以要進行調整，把不要的部分摺疊起來或去除。主要大多會使用縫合褶（dart）和拼接線（switching）。

【縫合褶】為了讓布料呈現出立體感而使用的技巧。會先把布料的一部分捏住後，再縫合（參閱p.47～49）。

【拼接線】指的是，把布料縫合起來時所形成的線條（接縫）。會如同縫合褶那樣，用來呈現立體感，或是被當成一種設計要素（參閱p.47～48）。

【塔克褶（tuck）】指的是把布料摺疊起來時所形成的「褶痕」。由於會使布料帶有立體感與寬鬆感，所以大多會用於腰部。「單側」與「面對面」這兩種摺疊方式都會用到（參閱p.48～49）。

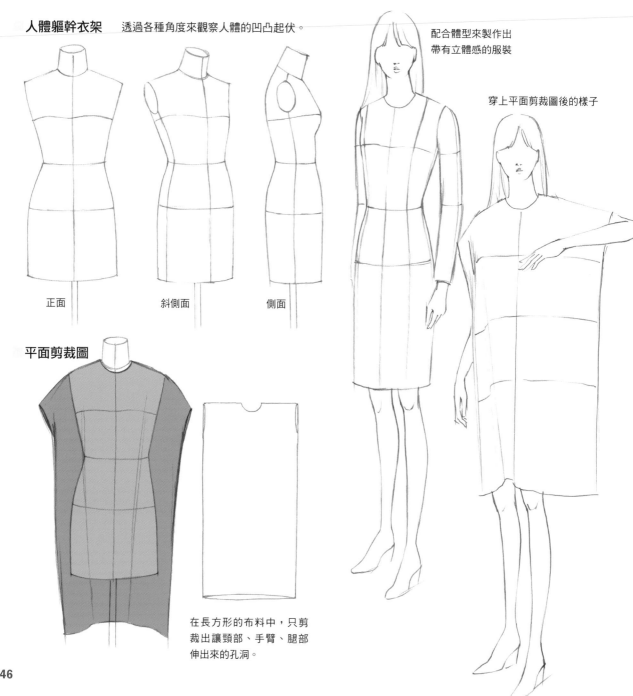

人體軀幹衣架　透過各種角度來觀察人體的凹凸起伏。

正面　　　斜側面　　　側面

配合體型來製作出帶有立體感的服裝

穿上平面剪裁圖後的樣子

平面剪裁圖

在長方形的布料中，只剪裁出讓頸部、手臂、腿部伸出來的孔洞。

採用腰部縫合褶

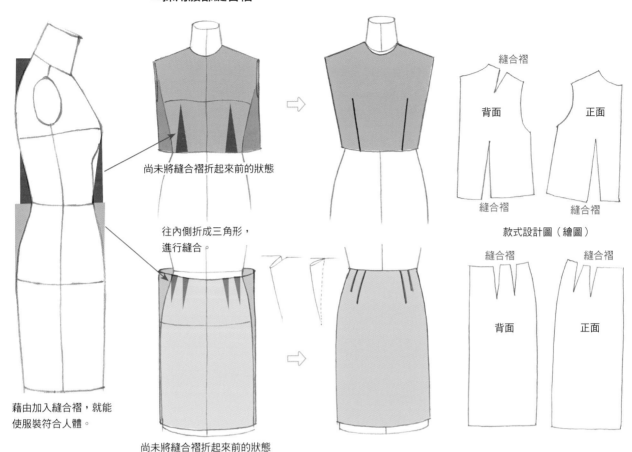

尚未將縫合褶折起來前的狀態

縫合褶

背面

縫合褶

正面

縫合褶

縫合褶

款式設計圖（繪圖）

往內側折成三角形，
進行縫合。

藉由加入縫合褶，就能
使服裝符合人體。

尚未將縫合褶折起來前的狀態

縫合褶

背面

縫合褶

正面

款式設計圖（繪圖）

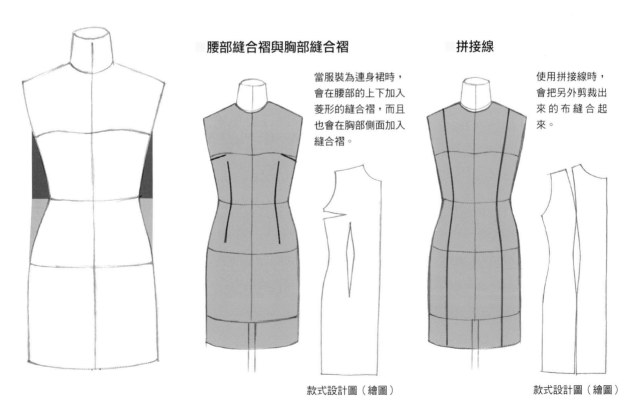

腰部縫合褶與胸部縫合褶

當服裝為連身裙時，
會在腰部的上下加入
菱形的縫合褶，而且
也會在胸部側面加入
縫合褶。

拼接線

使用拼接線時，
會把另外剪裁出
來的布縫合起
來。

款式設計圖（繪圖）

款式設計圖（繪圖）

包含軀幹以外的部分在內，要依照整體的設計與布料的特性，在縫合褶、拼接線、塔克褶、細褶的位置上多下一點功夫。

■ 縫合褶

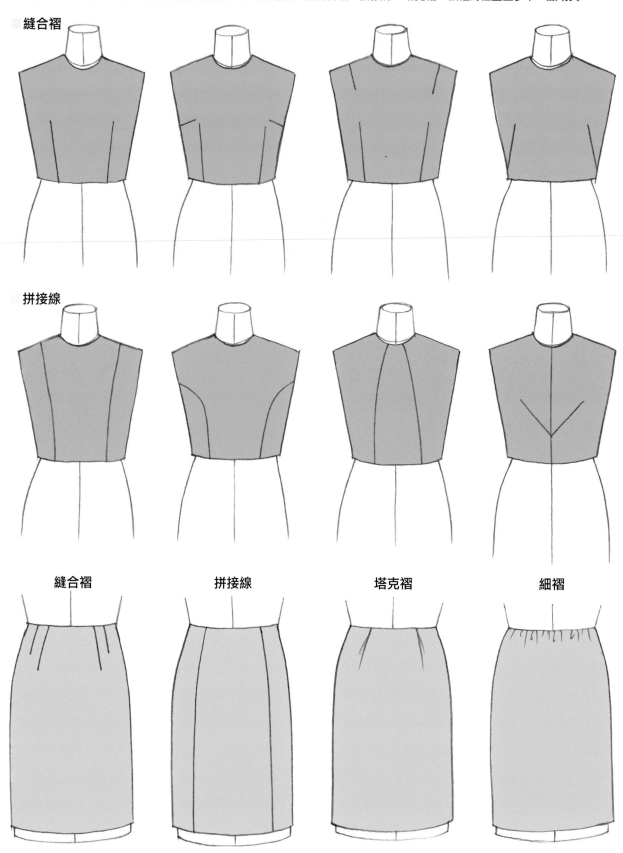

■ 拼接線

| 縫合褶 | 拼接線 | 塔克褶 | 細褶 |

在畫作中，雖然「縫合褶」與「塔克褶」看起來像是一條線，但規格與設計目的都完全不同。若採用含糊不清的畫法，有時會無法傳達出兩者的差異。在時尚插畫中，會透過線條的畫法與陰影的添加方式，來分別畫出各自的規格。

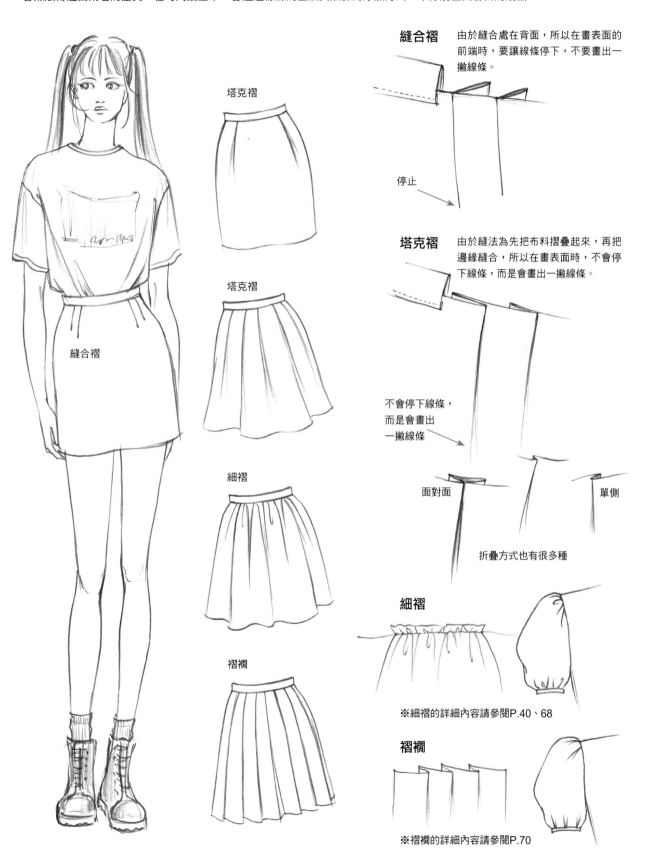

塔克褶

塔克褶

縫合褶

細褶

褶襴

縫合褶　由於縫合處在背面，所以在畫表面的前端時，要讓線條停下，不要畫出一撇線條。

停止

塔克褶　由於縫法為先把布料摺疊起來，再把邊緣縫合，所以在畫表面時，不會停下線條，而是會畫出一撇線條。

不會停下線條，
而是會畫出
一撇線條

面對面　　　　　　　　單側

折疊方式也有很多種

細褶

※細褶的詳細內容請參閱P.40、68

褶襴

※褶襴的詳細內容請參閱P.70

049

細節

細節（detail）指的是細微的部分，流行服飾中的細節指的不是服裝整體的輪廓或款式，而是衣領・袖子・鈕扣・口袋・手工藝要素等細微部分的設計。其中，在決定服裝整體的印象時，領口・衣領・袖子的種類會發揮很大的作用。

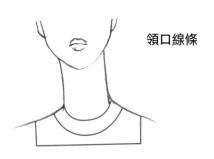

領口線條

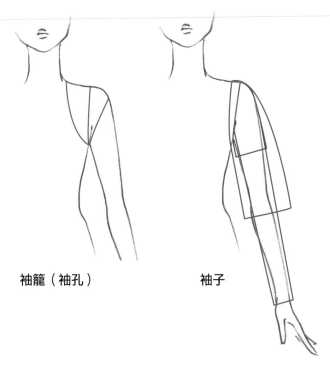

袖籠（袖孔）　　　　袖子

領口線條（neckline）
頸部周圍的線條。
當衣服有衣領時，指的是軀幹部分與衣領之間的縫合部分（衣領縫合線）。

衣領（collar）
縫在領口線條上的部件。

袖籠（armhole）
袖孔的線條。
軀幹部分與袖子之間的縫合處。

袖子（sleeve）
用來讓手臂通過的圓筒狀部件。
大部分的衣袖與軀幹部分不是同一塊布，會先另外剪裁、縫製，再縫在袖籠上。
不過，也有袖子布料與軀幹部分相連在一起的設計，像是土耳其袖（dolman Sleeve）等。

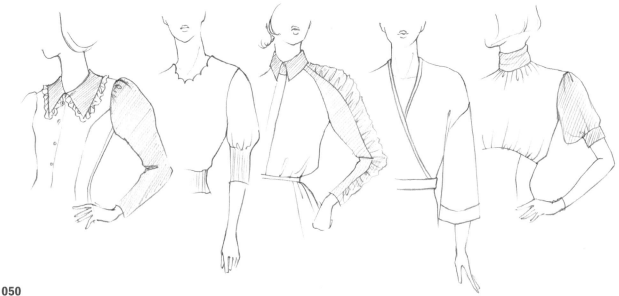

領口（neckline，頸部周圍的線條）

以下為領口線條設計的基本範例。

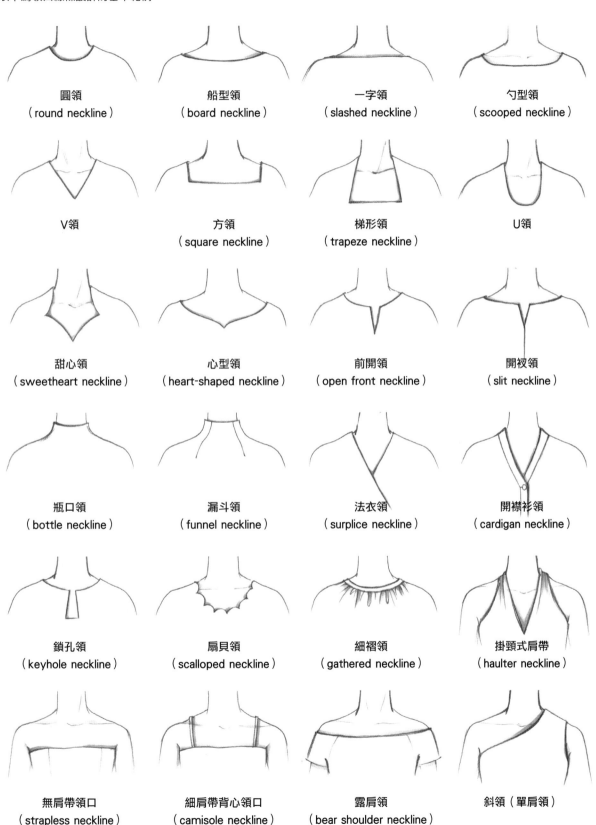

圓領
（round neckline）

船型領
（board neckline）

一字領
（slashed neckline）

勺型領
（scooped neckline）

V領

方領
（square neckline）

梯形領
（trapeze neckline）

U領

甜心領
（sweetheart neckline）

心型領
（heart-shaped neckline）

前開領
（open front neckline）

開衩領
（slit neckline）

瓶口領
（bottle neckline）

漏斗領
（funnel neckline）

法衣領
（surplice neckline）

開襟衫領
（cardigan neckline）

鎖孔領
（keyhole neckline）

扇貝領
（scalloped neckline）

細褶領
（gathered neckline）

掛頸式肩帶
（haulter neckline）

無肩帶領口
（strapless neckline）

細肩帶背心領口
（camisole neckline）

露肩領
（bear shoulder neckline）

斜領（單肩領）

衣領（collar）

以下為衣領設計的基本範例。

標準襯衫衣領

鈕扣領（button-down）

開襟領（開襟襯衫的衣領）

翼形領（wing collar）

平翻領（flat collar）

彼得潘領（Peter Pan collar）

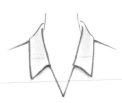

義大利領（Italian collar）

切爾西領（chelsea collar）

平駁領（notched lapel collar）

三葉草領（clover leaf collar）

劍領（peaked lapel collar）

披肩領
（shawl collar，絲瓜領）

馬球領（polo collar）

水手領（sailor collar）

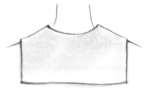

方盒領（box collar）

中式立領（mandarin collar）

蝴蝶結領（bow collar）

卷領（roll collar）

寬立領（standaway collar）

帶狀領（band collar）

褶邊領（frill collar）

荷葉領（Ruffled collar）

拿破崙領（Napoleon collar）

披肩領（cape collar）

袖子（sleeve）

以下為袖子設計的基本範例。

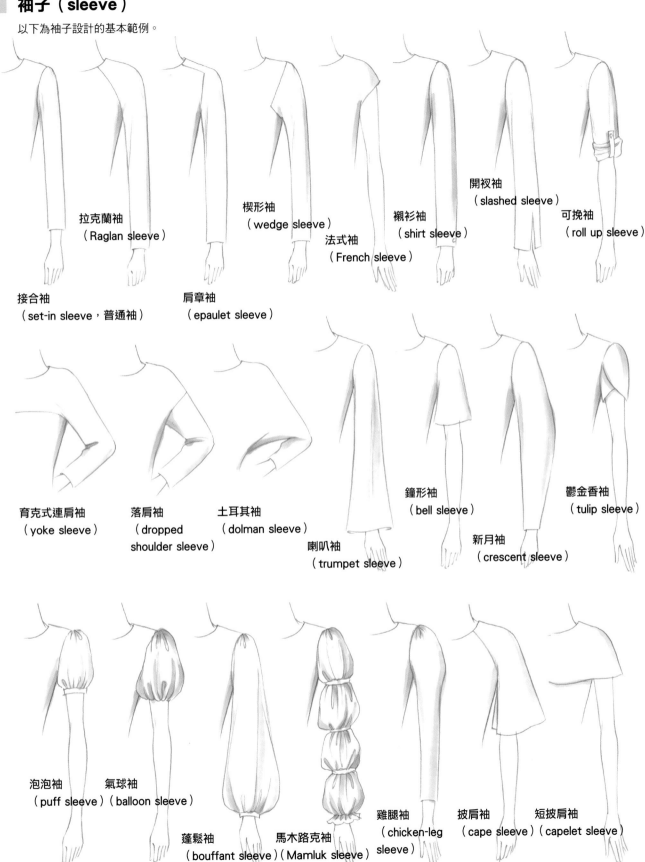

接合袖
（set-in sleeve，普通袖）

拉克蘭袖
（Raglan sleeve）

肩章袖
（epaulet sleeve）

楔形袖
（wedge sleeve）

法式袖
（French sleeve）

襯衫袖
（shirt sleeve）

開衩袖
（slashed sleeve）

可挽袖
（roll up sleeve）

育克式連肩袖
（yoke sleeve）

落肩袖
（dropped
shoulder sleeve）

土耳其袖
（dolman sleeve）

喇叭袖
（trumpet sleeve）

鐘形袖
（bell sleeve）

新月袖
（crescent sleeve）

鬱金香袖
（tulip sleeve）

泡泡袖
（puff sleeve）

氣球袖
（balloon sleeve）

蓬鬆袖
（bouffant sleeve）

馬木路克袖
（Mamluk sleeve）

雞腿袖
（chicken-leg
sleeve）

披肩袖
（cape sleeve）

短披肩袖
（capelet sleeve）

細節的種類很多，包含了實用層面上所需的細節，以及裝飾用的細節。

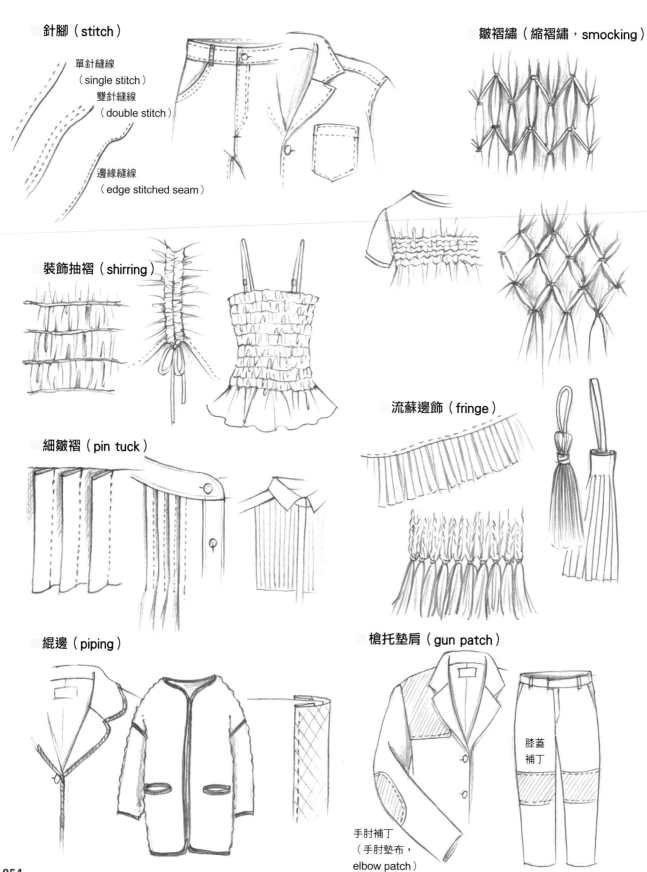

針腳（stitch）

單針縫線
（single stitch）

雙針縫線
（double stitch）

邊緣縫線
（edge stitched seam）

皺褶繡（縮褶繡，smocking）

裝飾抽褶（shirring）

流蘇邊飾（fringe）

細皺褶（pin tuck）

綑邊（piping）

槍托墊肩（gun patch）

膝蓋
補丁

手肘補丁
（手肘墊布，
elbow patch）

緞帶・打結

當服裝上有緞帶、細繩、領巾等打結處時，首先請確認該配件的寬度與尺寸吧（像是5mm寬、1cm寬、5cm寬、50×50的正方形……等）。

接著，必須確認素材質感（像是「挺拔且堅硬、輕薄且帶有緩慢垂墜感、有厚度且柔軟」……等）。當材質較重時，必須畫出向下垂落的樣子。一邊留意各種素材質感，一邊畫吧。

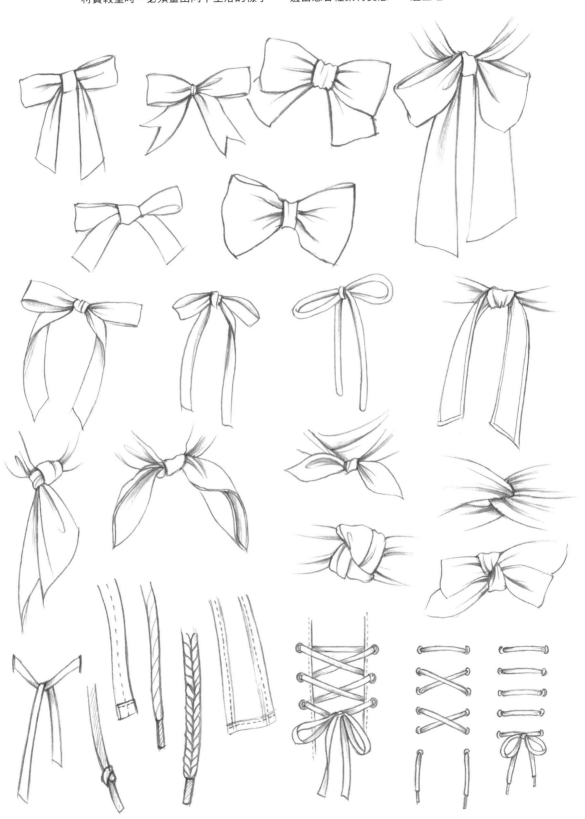

扣具與配件

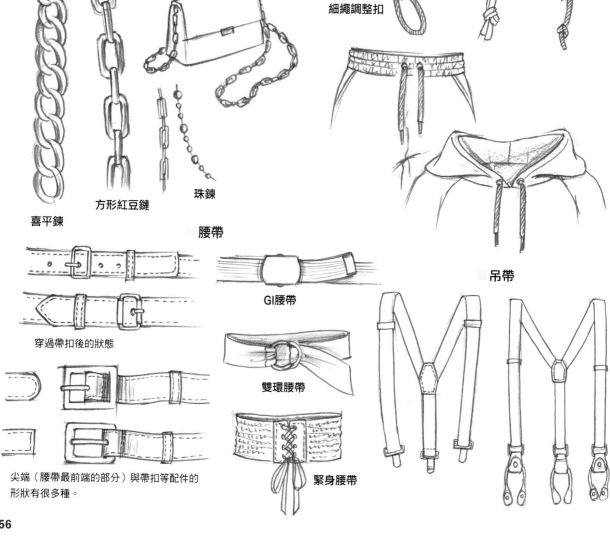

拉鏈

可調式扣帶

拉鏈合起來時
的特寫

拉鏈頭

背帶（肩帶）

細繩

細繩調整扣

鏈條

喜平鍊

方形紅豆鏈

珠鍊

腰帶

GI腰帶

穿過帶扣後的狀態

雙環腰帶

尖端（腰帶最前端的部分）與帶扣等配件的
形狀有很多種。

緊身腰帶

吊帶

包包・手套

本體的形狀當然不用說，也要留意包包提把的數量與長度，以及是否有深度（厚度）。
在時尚插畫中使用包包來作為搭配時，重點在於，手提著包包時的角度與位置。

包包的構造與種類

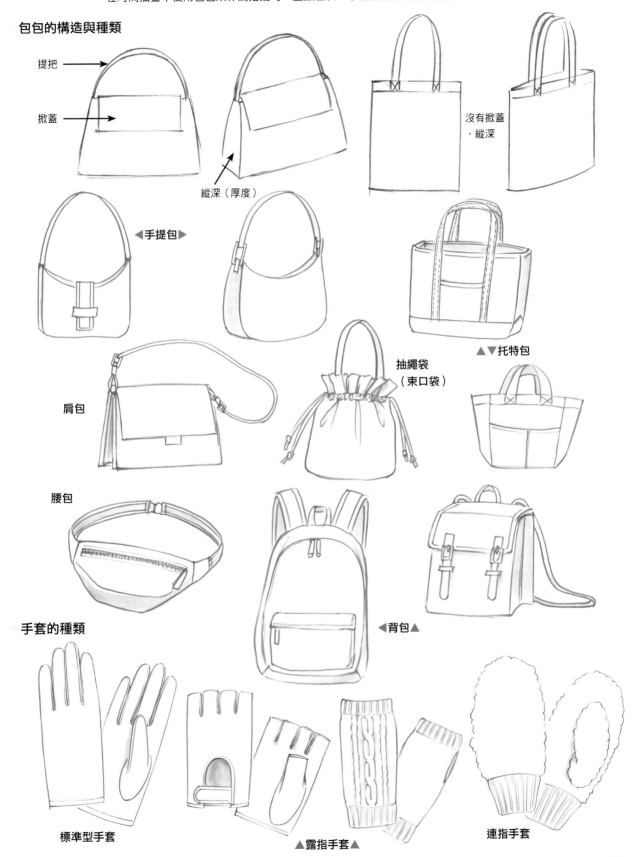

提把

掀蓋

縱深（厚度）

沒有掀蓋
・縱深

◀手提包▶

肩包

抽繩袋
（束口袋）

▲▼托特包

腰包

◀背包▲

手套的種類

標準型手套

▲露指手套▲

連指手套

口袋

貼袋（patch pocket，貼式口袋）

設計變化

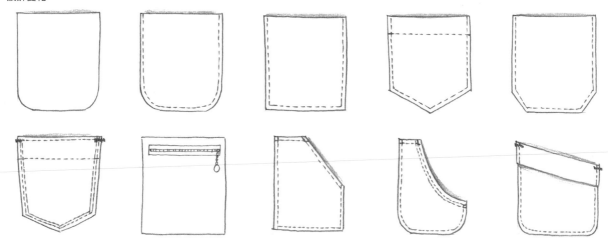

附有袋蓋的貼袋（有蓋子的貼式口袋）

設計變化

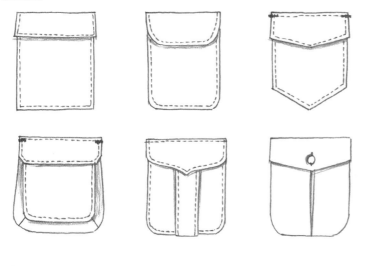

附有袋蓋的口袋（有蓋口袋）

設計變化

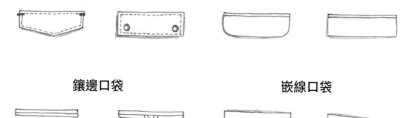

鑲邊口袋	嵌線口袋
使用其他布料來處理開口部分的口袋。	在口袋的開口部分縫上箱型口袋布的開縫口袋（slit pocket）的總稱。

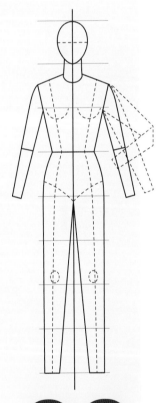

03

畫出服裝平面圖

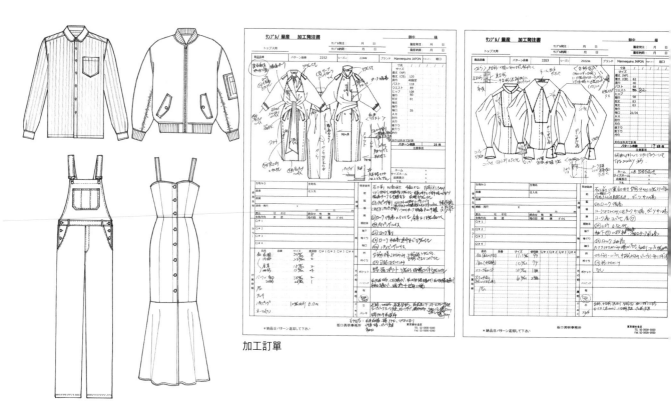

加工訂單

服裝平面圖會用於縫製規格書與加工訂單等製造流程，也會用於目錄與商品清單等已完成的產品。

在服裝公司中，不僅設計師，連服裝打版師、縫製工廠、廣告宣傳部門也會共享服裝平面圖的資訊，所以服裝平面圖會扮演很重要的角色。因此，在繪製服裝平面圖時，必須畫得比時尚插圖更加正確、仔細。

繪製服裝平面圖時，請確認這些注意事項吧。

◆ 不要讓服裝重疊在一起。要個別畫出每件服裝的服裝平面圖。

◆ 基本上，要同時記載正面樣式與背面樣式。

◆ 不畫出穿上服裝時所形成的皺褶。要明確地畫出設計上所需的皺褶（細褶或垂綴等）。

◆ 畫成左右對稱（若服裝為不對稱設計的話，就依照設計來畫）。

◆ 假人模特兒的身材比例，要總是保持一致（作畫時，不能讓假人的身材變瘦，或是變更手臂長度）。

◆ 要正確地呈現直線曲線（熟練地使用尺來作畫吧）

◆ 進行最終潤飾時，要使用代針筆等來進行正式描線（這是因為，鉛筆的線條會消失，線條粗細會變得不一致）。

使用電腦來作畫的人也變多了，不過，就算能藉由使用繪圖軟體來讓線條變得漂亮，但若沒有掌握必要重點的話，就無法發揮作用。首先，用手繪的方式來掌握輪廓、分量感，練習畫出必要的細節吧。

一開始使用筆來進行正式描線時，本來就很困難，而且很花時間。藉由反覆練習，就能流暢地使用尺來分別畫出直線和曲線。

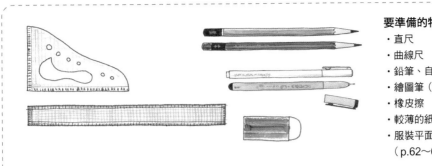

要準備的物品
・直尺
・曲線尺
・鉛筆、自動鉛筆
・繪圖筆（代針筆）
・橡皮擦
・較薄的紙（影印紙或描圖紙等）
・服裝平面圖專用的假人模特兒
（p.62～63）

由於我希望大家就算畫了很多張圖，還是要保持相同的身材比例，所以請使用相同比例的墊板型假人模特兒吧（刊載於p.62～63）。

在服裝平面圖中，若假人模特兒的1頭身＝實際尺寸約20cm的話，就能畫出很接近實際尺寸的感覺。
舉例來說，由於下面的百褶裙的尺寸約為3.5頭身，所以長度約為70cm。

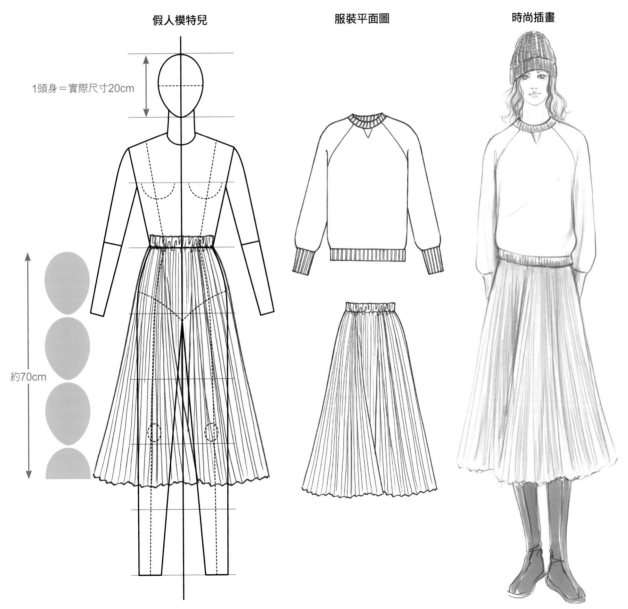

假人模特兒　　　服裝平面圖　　　時尚插畫

1頭身＝實際尺寸20cm

約70cm

服裝平面圖專用的假人模特兒（女性）

正面（front style）　　　　　　　　　　背面（back style）

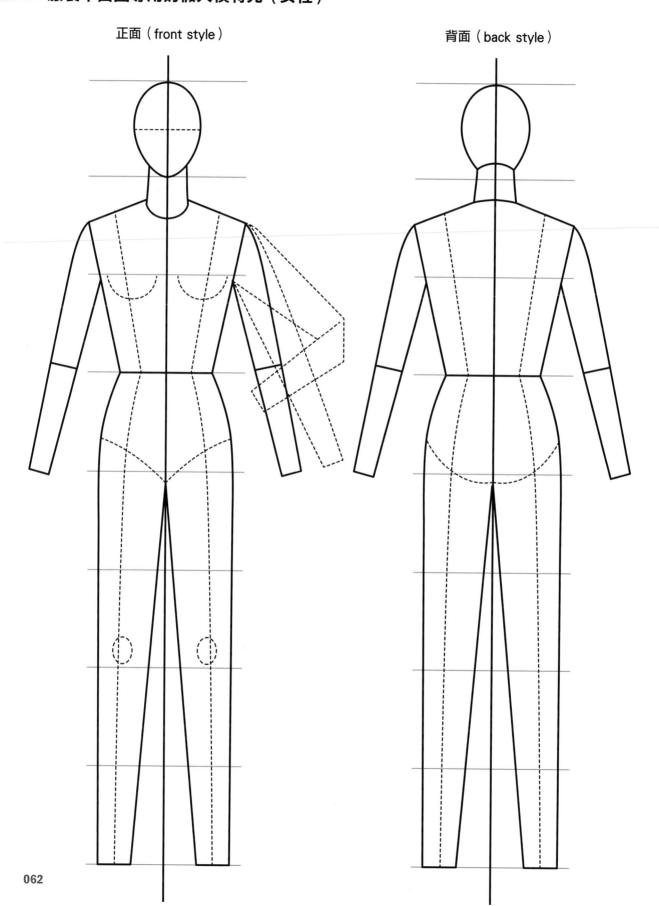

服裝平面圖專用的假人模特兒（男性）

正面（front style）　　　　　　　　背面（back style）

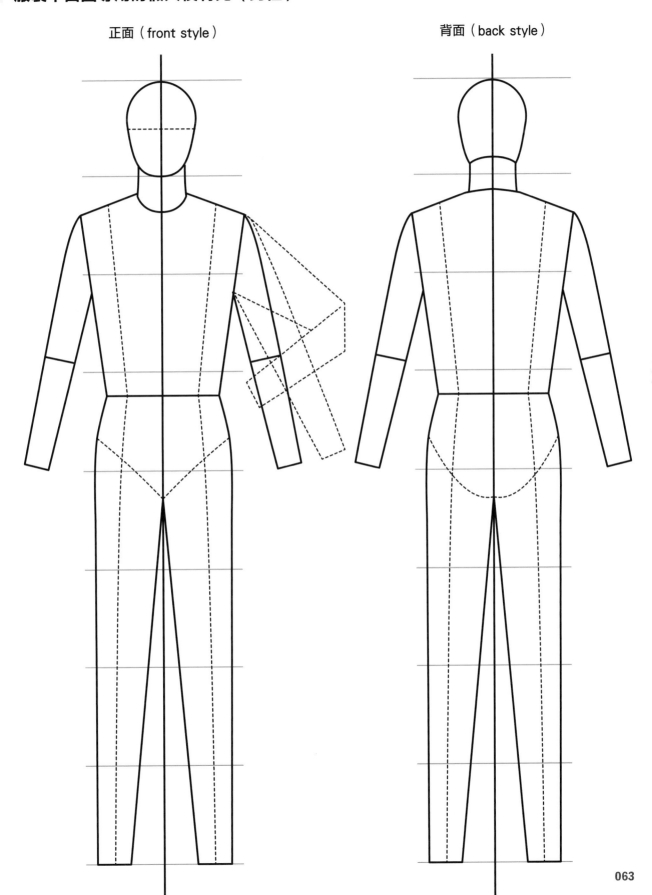

緊身裙
（tight skirt）

Tight的意思為「緊貼」。在這種裙子中，從臀部到裙襬會呈現出筆直的輪廓。

使用沒有伸縮性的布料時，「開口」是必要的。先來了解用來配合設計的各種開口吧，像是前開口、後開口、側開口、鬆緊帶等。

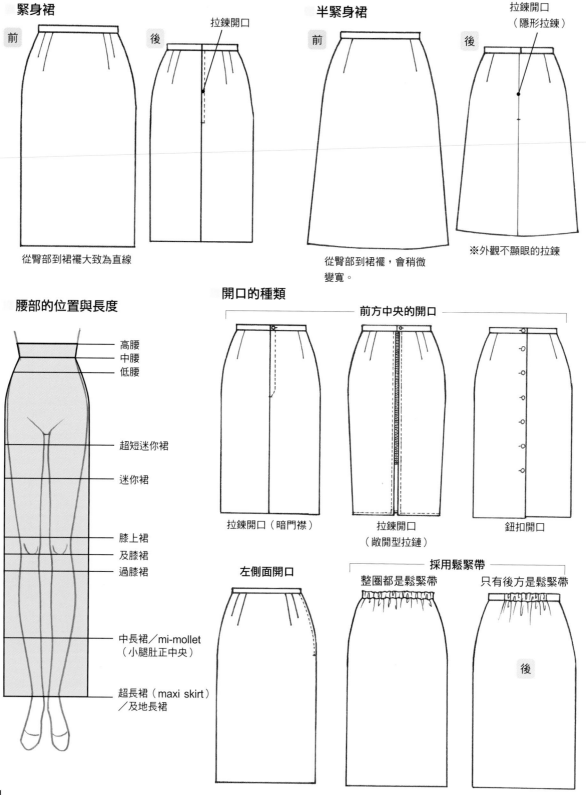

緊身裙

前　　後　　拉鍊開口

從臀部到裙襬大致為直線

半緊身裙

前　　後　　拉鍊開口（隱形拉鍊）

從臀部到裙襬，會稍微變寬。

※外觀不顯眼的拉鍊

腰部的位置與長度

高腰
中腰
低腰

超短迷你裙

迷你裙

膝上裙
及膝裙
過膝裙

中長裙／mi-mollet
（小腿肚正中央）

超長裙（maxi skirt）
／及地長裙

開口的種類

前方中央的開口

拉鍊開口（暗門襟）

拉鍊開口
（敞開型拉鏈）

鈕扣開口

左側面開口

採用鬆緊帶

整圈都是鬆緊帶

只有後方是鬆緊帶

後

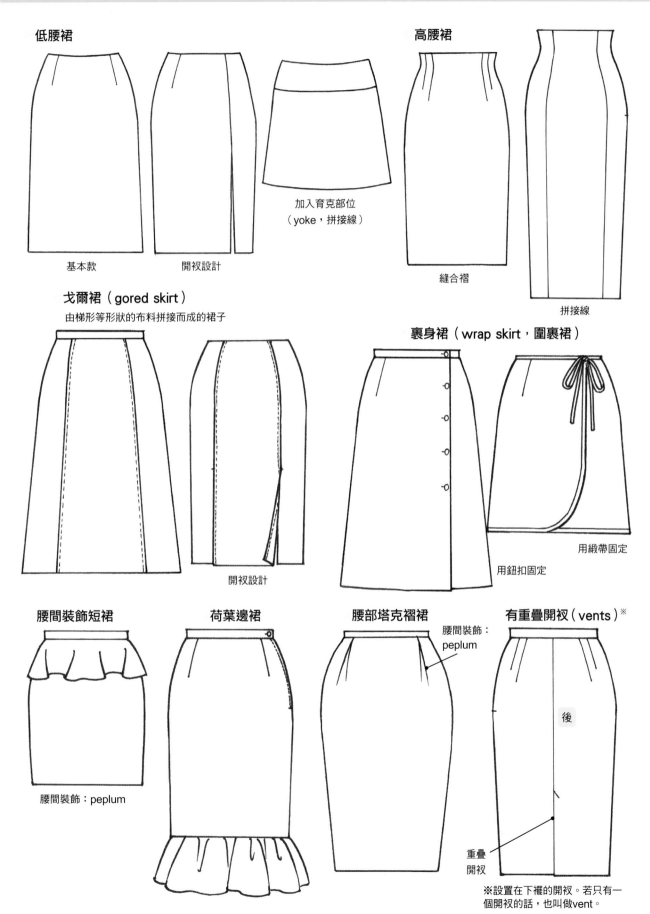

低腰裙

基本款　　　　開衩設計

加入育克部位
（yoke，拼接線）

高腰裙

縫合褶

拼接線

戈爾裙（gored skirt）
由梯形等形狀的布料拼接而成的裙子

開衩設計

裏身裙（wrap skirt，圍裹裙）

用鈕扣固定

用緞帶固定

腰間裝飾短裙

腰間裝飾：peplum

荷葉邊裙

腰部塔克褶裙

腰間裝飾：
peplum

有重疊開衩（vents）※

後

重疊
開衩

※設置在下襬的開衩。若只有一
個開衩的話，也叫做vent。

波浪裙
（喇叭裙，
flare skirt）

在這種裙子中，從腰部到下襬的部分會如同牽牛花般地擴展開來（flare）。其中，把下襬展開來時，會形成圓形的裙子叫做圓裙（circular skirt）。特色為，縱向的筆直褶痕，透過布料的重量，褶痕會自然地朝下分布。褶痕的起點位置為，從腰部到骨盆的部分。依照該處與臀線之間的寬度差異，布料上會產生凹凸不平的部分，進而形成褶痕。

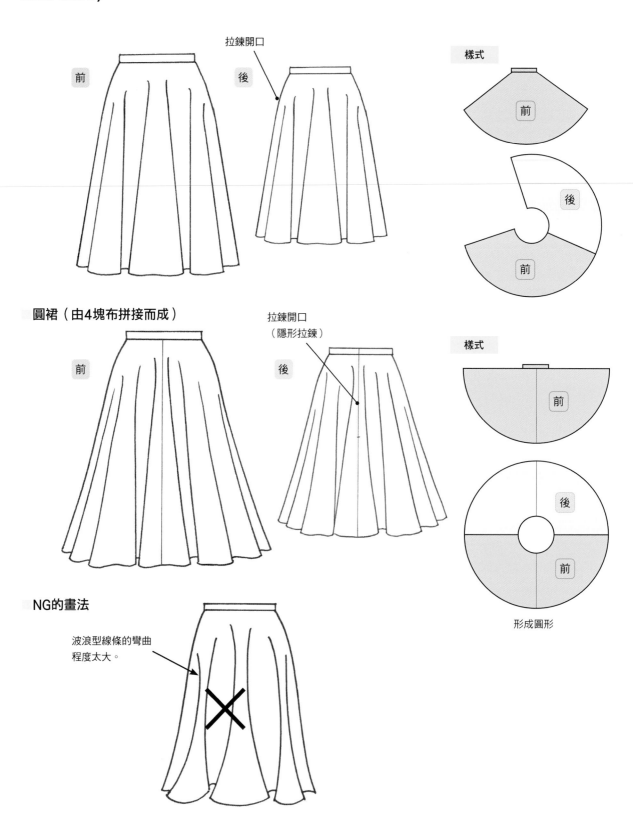

拉鍊開口

前　　後

樣式

前

後

前

圓裙（由4塊布拼接而成）

前　　後

拉鍊開口
（隱形拉鍊）

樣式

前

後

前

形成圓形

NG的畫法

波浪型線條的彎曲
程度太大。

美人魚裙（mermaid skirt）

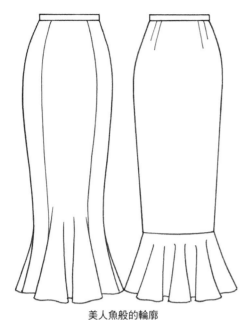

美人魚般的輪廓

戈爾裙（gored skirt）

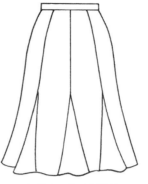

下襬帶有三角形的縱深，
與緊身裙當中的戈爾裙相
比，下襬比較寬。

田螺裙
（螺旋裙）

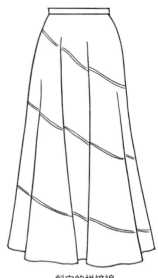

斜向的拼接線

手帕型裙襬裙（handkerchief hem skirt）

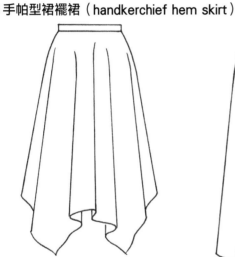

特色在於，宛如手帕那樣地讓方形
布料垂下的裙襬線條。

腰部採用育克設計

育克部位的形狀有很多種

魚尾裙

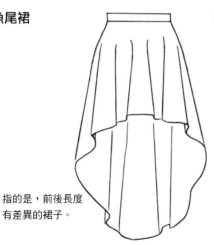

指的是，前後長度
有差異的裙子。

透過拼接線
來呈現變化

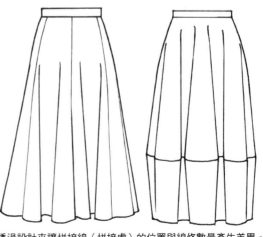

透過設計來讓拼接線（拼接處）的位置與線條數量產生差異。

細褶裙
（gather skirt）

意為在腰部周圍讓細褶聚集在一起的裙子。Gather的意思是「聚集」，在流行服飾用語中，指的是藉由縫製來使布料收縮，進而形成的皺褶，以及該縫紉技巧。

由於進行縫製時會讓布料收縮，所以從被壓住的部分會形成輕飄飄的隆起處。有繫上腰帶時，要從腰帶下方的線條畫出皺褶。另外，依照細褶的份量，要畫的皺褶數量也會產生變化。

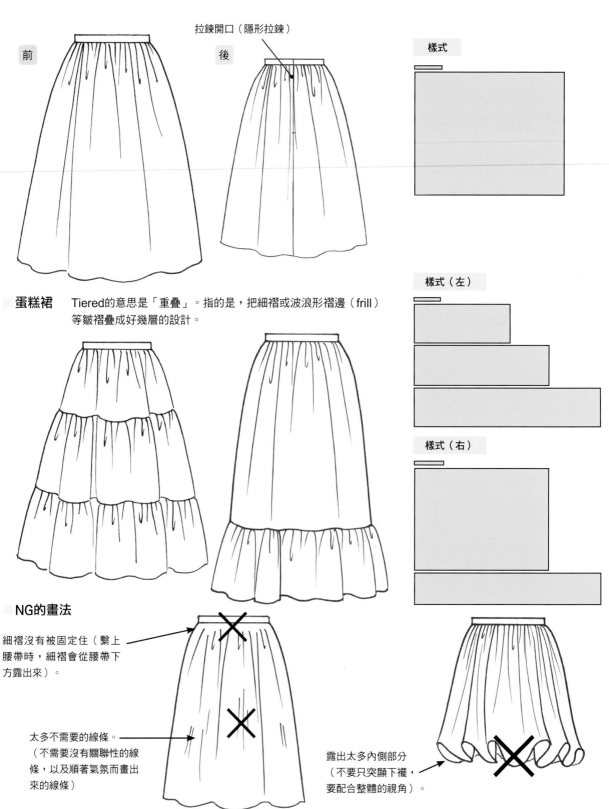

前　　　　　　　　後　　拉鍊開口（隱形拉鍊）　　　　樣式

■ 蛋糕裙　　Tiered的意思是「重疊」。指的是，把細褶或波浪形褶邊（frill）等皺褶疊成好幾層的設計。

樣式（左）

樣式（右）

■ NG的畫法

細褶沒有被固定住（繫上腰帶時，細褶會從腰帶下方露出來）。

太多不需要的線條。
（不需要沒有關聯性的線條，以及順著氣氛而畫出來的線條）

露出太多內側部分
（不要只突顯下襬，要配合整體的視角）。

■使用腰部鬆緊帶

■荷葉邊裙

■抽繩裙

屬於蛋糕裙當中的其中一種

拉住細繩來調整鬆緊度

能夠適用於各種腰部尺寸的人

■氣球裙

先把聚集了細褶的下襬
塞進內側後，再縫起
來，使其固定住。

氣球裙的設計變化

蛋糕裙的設計變化

前開口的設計

腰圍採用較緊的設計，藉此來呈現出具有拼接線的細褶裙的各種變化。

百褶裙
（活褶裙，
pleat skirt）

從腰部到下襬會反覆出現褶痕（褶襉）的裙子。褶襉具有立體感，會基於裝飾效果與運動機能的考量來進行運用。

透過摺痕寬度與摺疊方向的差異，能使褶襉增加變化。主要種類包含了，單向褶裙、箱褶裙、倒褶裙（inverted pleats skirt）、風琴褶裙等。另外，也能透過裙襬的長度差異來呈現出褶痕的方向。

單向褶裙（車輪型摺痕）

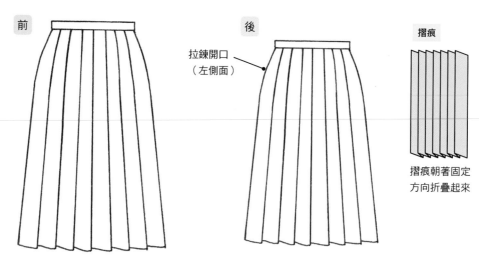

前　　後　　摺痕

拉鍊開口
（左側面）

摺痕朝著固定
方向折疊起來

即使輪廓相同，透過規格的差異，就能提昇設計的廣度。

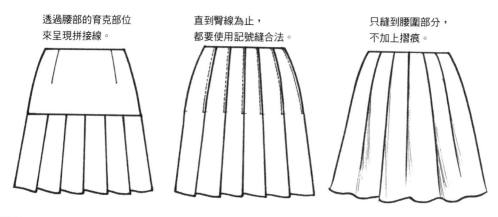

透過腰部的育克部位
來呈現拼接線。

直到臀線為止，
都要使用記號縫合法。

只縫到腰圍部分，
不加上摺痕。

NG的畫法

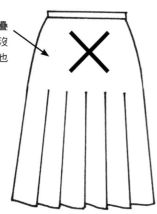

沒有接縫
（由於會把布料摺疊
起來，所以即使是沒
有打開來的部分，也
必須畫出線條）

裙襬沒有長度差異
（看起來像是用6
塊布料所組成的緊
身裙）

箱褶裙（箱型褶裙）

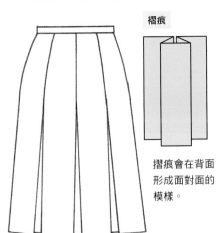

褶痕

摺痕會在背面
形成面對面的
模樣。

倒褶裙

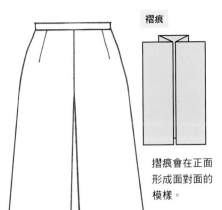

褶痕

摺痕會在正面
形成面對面的
模樣。

柔軟百褶裙

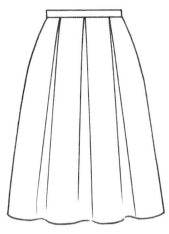

風琴褶裙

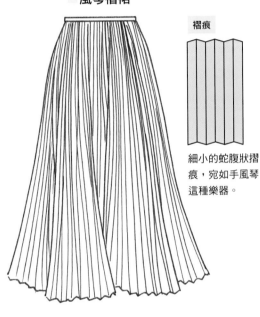

褶痕

細小的蛇腹狀摺
痕，宛如手風琴
這種樂器。

蘇格蘭裙

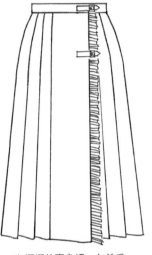

有褶襉的裏身裙。在羊毛
布料中很常見的設計。

雙層百褶裙

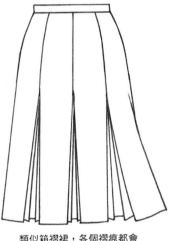

類似箱褶裙，各個褶痕都會
疊成兩層。

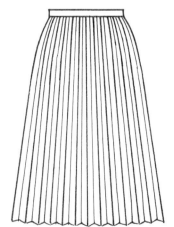

近年來，腰部採用鬆緊帶設計的服裝
也很多，褶襉可以漂亮地伸縮到臀部
周圍。

像是在迷你裙或短褲上面
裏上一件百褶裙的設計。

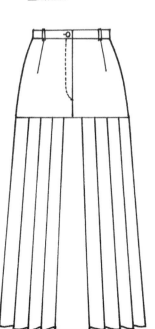

加入了拼接線
的設計。

071

裙子的服裝平面圖畫法

緊身裙
（正面樣式）　　緊身裙
（背面樣式）　　波浪裙　　細褶裙　　百褶裙

1 緊身裙

正面樣式

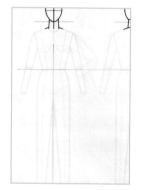 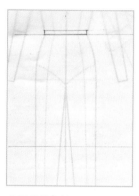

把服裝平面圖專用的假人模特兒墊在下面。放上較薄的紙張，畫出中心線、腰部線條。

在腰部線條的上側畫出長方形腰帶。決定裙子長度，事先輕輕地畫出裙襬線條。

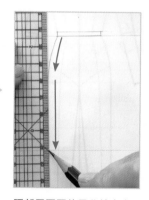 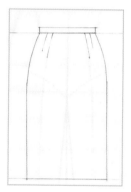

腰部周圍要使用曲線來畫，然後用直線來連接曲線尾端。

左右 2 本描。

背面樣式

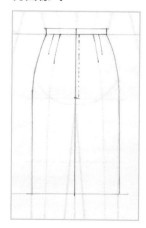

輪廓與正面樣式相同。在左右兩側分別畫出 2 條線來表示後拉鍊開口、縫合褶。

正式描線（所有服裝平面圖都共通）

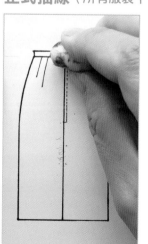

使用繪圖筆（代針筆）來進行正式描線。在畫主要線條與縫合褶、針腳、鈕扣等細節時，只要變更線條粗細，就會很容易看懂。在此處，主線部分使用的線條粗細度為 0.5mm，細節部分則是 0.1mm 與 0.3mm。使用橡皮擦來擦掉草圖。

2 波浪裙（喇叭裙）

在畫腰部周圍時，要順著人體的曲線來畫，從曲線尾端，使用直線來畫出脇邊。

測量下襬長度，核對左右兩邊的寬度。事先用平緩的曲線來畫出下襬的線條。

左右對稱地畫出波浪型褶痕。

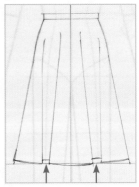

藉由在下襬中加入長度差異，就能呈現出褶痕的縱深。

3 細褶裙

讓腰帶下方產生隆起部分，畫出脇邊。在腰帶下方均勻地畫上細褶線。

使用曲線來連接裙襬。

4 百褶裙

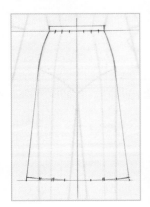

決定輪廓後，依照從正面所看到的褶襉數量來進行分割。在此圖中，有8條褶襉。

依照腰圍，使用曲線來畫出外側部分。

在裙襬中加入長度差異後，將裙襬連起來。

**波浪裙
（喇叭裙）**

依照腰部的傾斜程度，來讓腰帶、裙子的輪廓變得傾斜。

畫出波浪型褶痕。

一邊留意縱深，一邊調整波浪型褶痕。

設計的變化。縮小裙襬的圓周長度，減少波浪線條的分量。

**蛋糕裙
（tiered skirt）**

概略地畫出蛋糕裙的輪廓，並進行分割。

首先，畫出起伏很大的褶痕。側面的線條不是直線，而是要加上高低差異。

均勻地畫上細微的細褶。

設計變化。把其他布料縫在作為基底的裙子上的樣式。

百褶裙

依照腰部的傾斜程度，來讓腰帶、裙子的輪廓變得傾斜。

一邊留意身體的圓潤感，一邊畫出褶襉的線條。在畫裙襬時，別忘了把後側的線條連起來。

依照褶襉類型來畫出裙襬的長度差異。由於這次採用的是單向褶裙，所以會整個繞一圈。

設計變化。即使褶襉類型有所改變，輪廓的畫法還是一樣。

裙子的
時尚插畫

側面的姿勢會比較容
易呈現出拼接線與開
口部分。

由連帽衫和迷你
裙搭配而成的休
閒風格。

上下身都使用
了大量細褶的
設計。

褲子的規格

透過褲襠部分來將左右雙腿的圓筒狀部分縫起來，製成褲子。
藉由輪廓與褲子長度來決定整體的印象，而且也要留意開口與口袋等細節。

· 開口的位置：前開口 · 側開口 · 鬆緊帶
· 縫合褶與塔克褶的有無和數量
· 口袋的有無和種類（側口袋 · 後口袋）

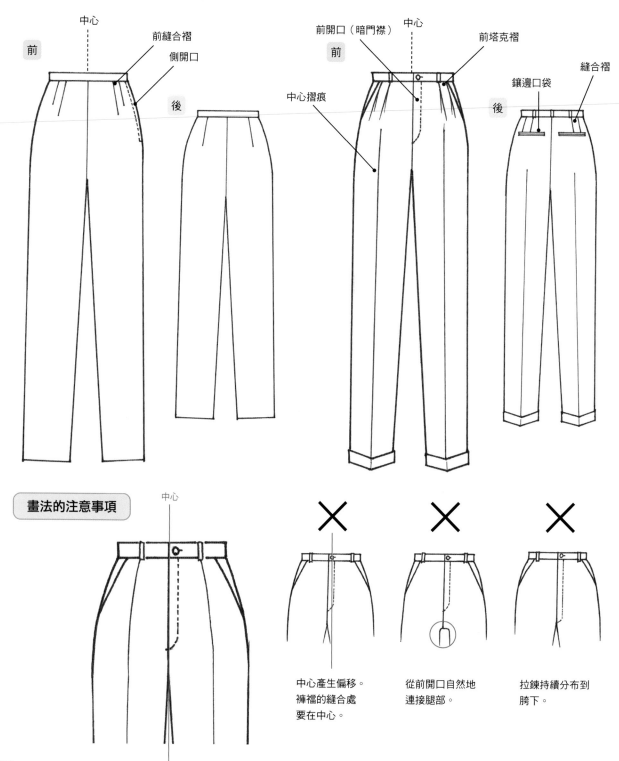

畫法的注意事項

中心產生偏移。
褲襠的縫合處
要在中心。

從前開口自然地
連接腿部。

拉鍊持續分布到
胯下。

褲子的輪廓

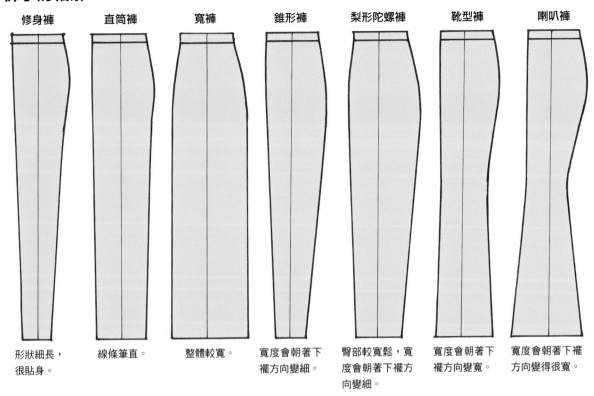

修身褲
形狀細長，很貼身。

直筒褲
線條筆直。

寬褲
整體較寬。

錐形褲
寬度會朝著下襬方向變細。

梨形陀螺褲
臀部較寬鬆，寬度會朝著下襬方向變細。

靴型褲
寬度會朝著下襬方向變寬。

喇叭褲
寬度會朝著下襬方向變得很寬。

不同長度的褲子名稱

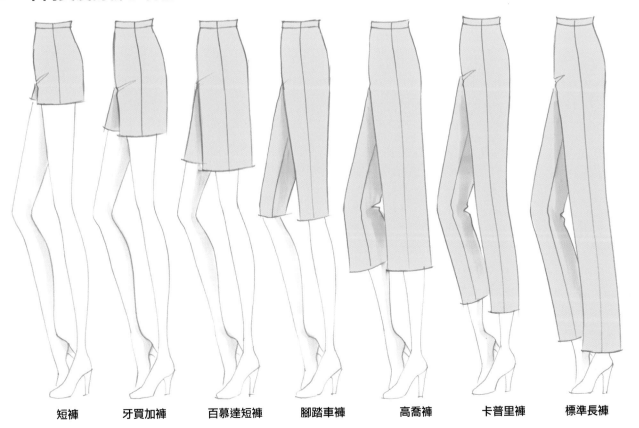

短褲 **牙買加褲** **百慕達短褲** **腳踏車褲** **高喬褲** **卡普里褲** **標準長褲**

褲子的服裝平面圖畫法

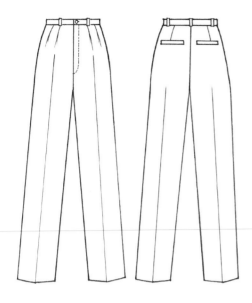

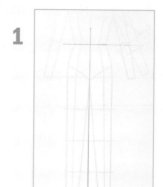

1

把服裝平面圖專用的假人模特兒墊在下面。放上較薄的紙張，畫出中心線、腰部線條。

在腰部線條的上側畫出腰帶（款式為中腰褲時）。前開口與褲襠的線條會成為中心線。

2

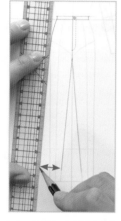

決定褲子長度與下襬寬度。畫出內側與外側的線條。

3

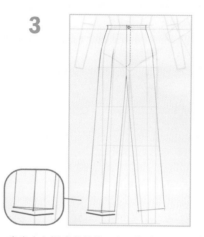

畫出中心摺痕的線條，在下襬處加上摺痕。

4

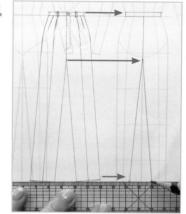

背面樣式

一邊使用尺來做記號，讓尺寸與正面樣式相同，一邊畫。輪廓是相同的。

5 在正面、背面樣式中，都要仔細地畫出細節。

正面：開口、塔克褶、皮帶環（belt loop）。

背面：後口袋、縫合褶、皮帶環。

6

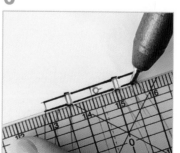

使用繪圖筆來進行正式描線，用橡皮擦來擦掉草圖。

褲子的
時尚插畫

採用沒有經過修飾的下襬設計時,不能把下襬畫成直線,而是要畫成布料細線垂下來的狀態。

在畫寬鬆風格的設計時,要呈現出比基本比例的服裝寬鬆很多的感覺。

依照姿勢,有時要畫出分布得很長的皺褶。

在描寫布料聚集在下襬處的狀態時,請先仔細地觀察實物或照片等,再試著將皺褶的表情畫成素描吧。

褲子的種類

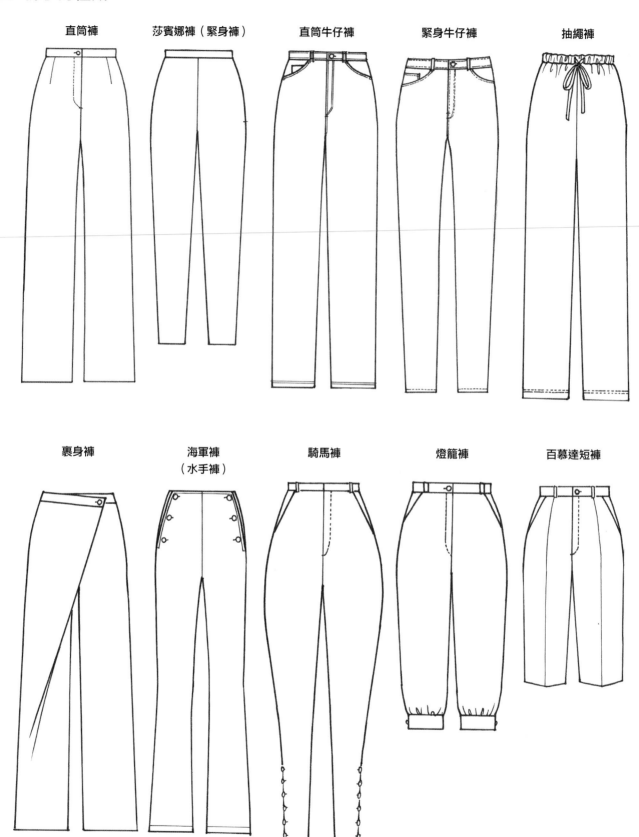

直筒褲　　莎賓娜褲（緊身褲）　　直筒牛仔褲　　緊身牛仔褲　　抽繩褲

裹身褲　　海軍褲（水手褲）　　騎馬褲　　燈籠褲　　百慕達短褲

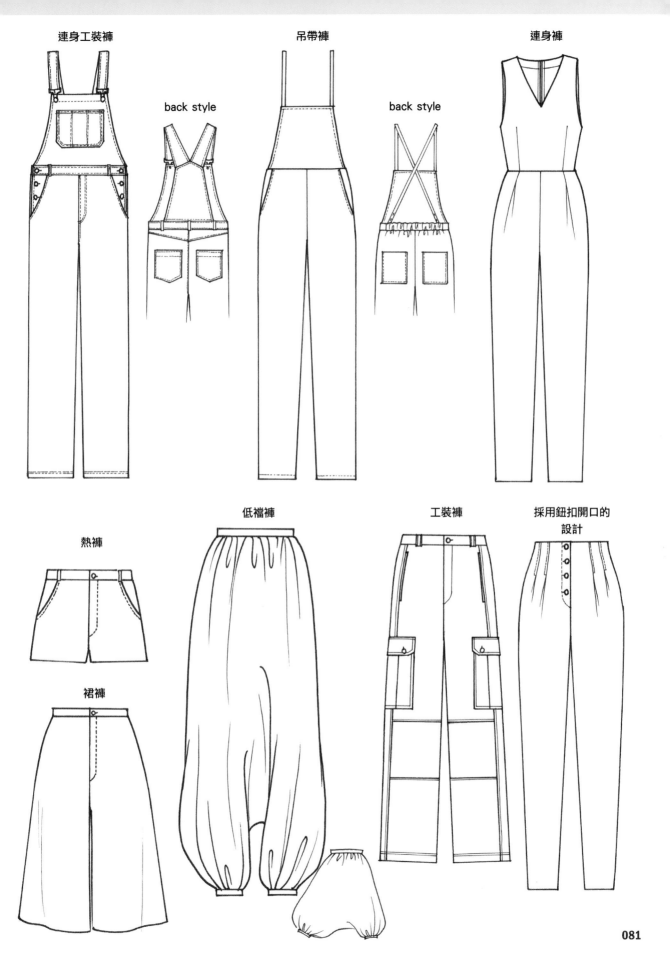

連身工裝褲

back style

吊帶褲

back style

連身褲

熱褲

裙褲

低襠褲

工裝褲

採用鈕扣開口的
設計

081

襯衫與罩衫

■ 襯衫

白襯衫原本的用途為，穿在夾克底下的男性專用汗衫。有前開口、衣領、衣袖和卡夫（cuffs）。後來，前開口的鈕扣位於右側的款式成為男用襯衫，鈕扣位於左側的款式成為女用襯衫。

■ 罩衫

用途為可以單穿的女性上衣。在設計上，沒有什麼規定，也可以加上蕾絲、波浪形褶邊（frill）、刺繡等裝飾。布料與顏色的種類也很豐富。

■ 帶有領台（collar band）的襯衫

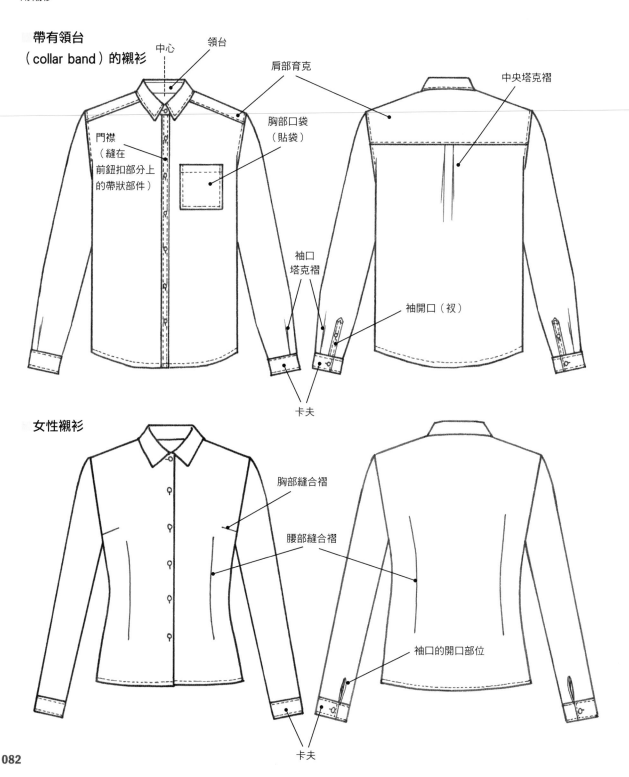

中心

領台

肩部育克

胸部口袋（貼袋）

門襟（縫在前鈕扣部分上的帶狀部件）

中央塔克褶

袖口塔克褶

袖開口（衩）

卡夫

■ 女性襯衫

胸部縫合褶

腰部縫合褶

袖口的開口部位

卡夫

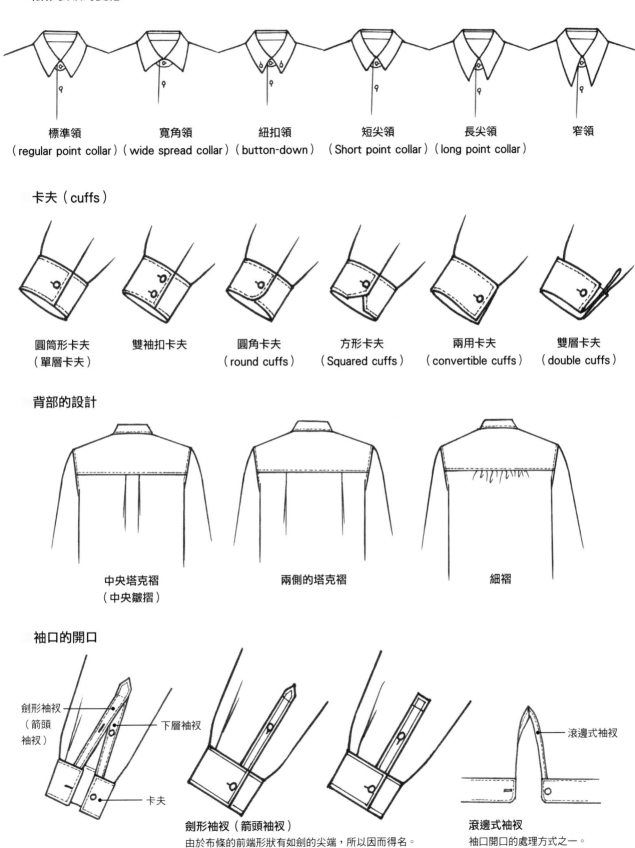

襯衫衣領的變化

標準領
（regular point collar）

寬角領
（wide spread collar）

紐扣領
（button-down）

短尖領
（Short point collar）

長尖領
（long point collar）

窄領

卡夫（cuffs）

圓筒形卡夫
（單層卡夫）

雙袖扣卡夫

圓角卡夫
（round cuffs）

方形卡夫
（Squared cuffs）

兩用卡夫
（convertible cuffs）

雙層卡夫
（double cuffs）

背部的設計

中央塔克褶
（中央皺摺）

兩側的塔克褶

細褶

袖口的開口

劍形袖衩
（箭頭袖衩）

下層袖衩

卡夫

劍形袖衩（箭頭袖衩）
由於布條的前端形狀有如劍的尖端，所以因而得名。
也會看到稍微不同的設計。

滾邊式袖衩

滾邊式袖衩
袖口開口的處理方式之一。

襯衫・罩衫的種類

鈕扣襯衫

正裝襯衫

牧師襯衫

開襟襯衫

工作襯衫

棒球襯衫

馬球衫（Polo衫）

西部襯衫

■罩衫的變化

一般來說，大多會把女用襯衫稱作罩衫，與男用襯衫做出區別。
在設計上，種類很多，經常可以看到細節部分採用了波浪形褶邊（frill）、蕾絲、皺褶繡（smocking）等。

襯衫的服裝平面圖畫法

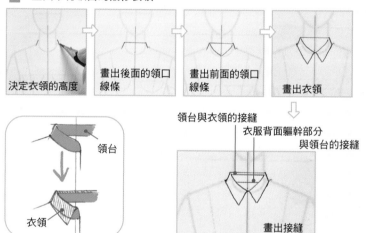

1 畫出中心線和腰部線條。

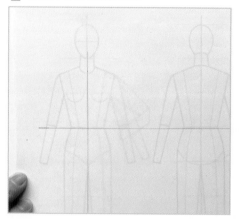

把服裝平面圖專用的假人模特兒墊在下面。放上較薄的紙張，畫出中心線、腰部線條。

2 畫出帶有領台的襯衫衣領

決定衣領的高度 ⇨ 畫出後面的領口線條 ⇨ 畫出前面的領口線條 ⇨ 畫出衣領

領台

衣領

⇩

領台與衣領的接縫
衣服背面軀幹部分與領台的接縫

畫出接縫

3 畫出軀幹部分

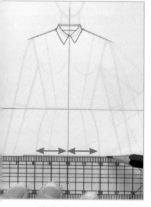

決定長度，從中心朝左右兩邊量出相同尺寸，讓衣服寬度變得左右對稱。

畫出脇邊·肩線。

4 畫出門襟、鈕扣、肩部育克

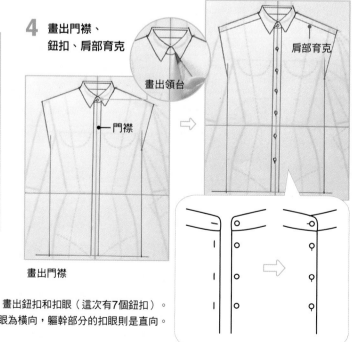

畫出領台

肩部育克

門襟

畫出門襟

畫出鈕扣和扣眼（這次有7個鈕扣）。
一般來說，襯衫領台部分的扣眼為橫向，軀幹部分的扣眼則是直向。

5 畫出袖子

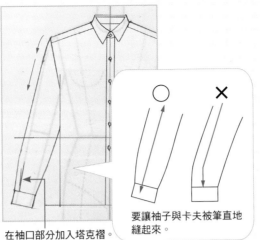

○　×

要讓袖子與卡夫被筆直地縫起來。

只要先決定卡夫的概略位置，就能想像出袖子寬度，所以會比較容易畫。

在袖口部分加入塔克褶。

左右對稱地畫出袖子，加上胸部口袋（貼袋）。

6 繪製背部樣式

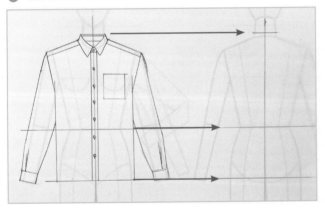

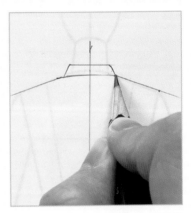

使用直尺，一邊對照正面樣式的位置，一邊平行地做記號。要多加留意，避免衣服正反面的長度與寬度產生變化。

畫出衣領，在中央部分附近，流暢地將肩線連接起來。

7 畫出衣服背面的軀幹部分

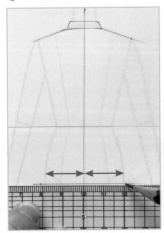

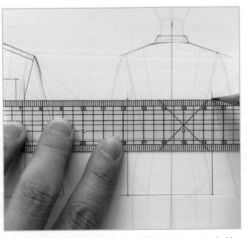

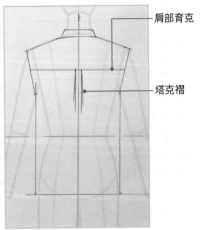

肩部育克

塔克褶

從中心朝左右兩邊量出相同尺寸的衣服寬度。

畫出脇邊，對照正面樣式，將袖籠（armhole）的腋下位置連起來。

畫出肩部育克、塔克褶。

8 畫出從後方所看到的袖子

畫出袖子，使輪廓與正面樣式相同。

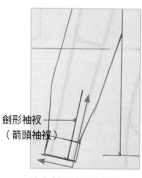
劍形袖衩
（箭頭袖衩）
決定劍形袖衩的位置，讓劍形袖衩與卡夫垂直。

畫出劍形袖衩。

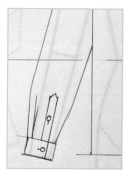
也要在後側加入1條塔克褶。劍形袖衩的扣眼為直向，卡夫的扣眼則為橫向。

9 上墨線（正式描線）

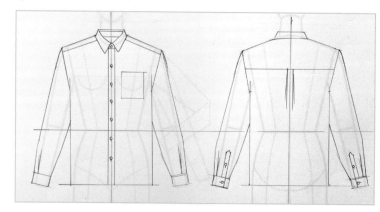

用鉛筆畫完後，要在該處上墨線，進行正式描線。

只要分別使用不同粗細的線條來畫主線和細節，就能畫得令人容易理解。

・主線：0.5mm或0.3mm
・鈕扣、塔克褶、針腳等：0.1mm或0.05mm

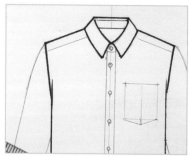

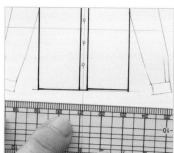
從主線畫起。

在扣上鈕扣時所形成的重疊處加上長度差異，讓人能夠理解哪邊是上層。

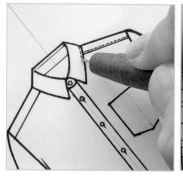
別忘了要仔細地畫出針腳。

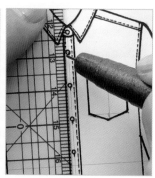
使用直尺來畫出筆直線條。

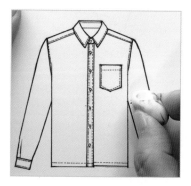
用橡皮擦把草圖擦掉後，就完成了。

襯衫・罩衫的時尚插畫

基本款白襯衫。把衣服紮進去的穿法也很常見。

尺寸較寬鬆的襯衫。在畫解開鈕扣的部分時,別忘了畫出鈕扣和扣眼。

背面樣式。在尺寸較大的襯衫中,袖孔線條的位置與育克部位的線條也會呈現出寬鬆感。

以大尺寸衣領為特色的罩衫。作畫時,要讓人感受到衣領的厚度。

使用了大量細褶的罩衫。腰部採用鬆緊帶設計。

袖子的寬鬆部分聚集在下方。

由於會透過腰帶來緊緊綁住寬鬆的罩衫,所以布料會形成緊靠在一起的狀態。

連身裙（one-piece dress）

何謂連身裙

連身裙指的是，上衣和裙子合在一起的服裝。基本上，指的是可以單穿的服裝。不過，不限於上下部分使用同一塊布料製成的服裝，也包含了上下部分採用不同顏色或布料的設計。連身裙是包含非常多要素的服裝。試著依序檢查必要的重點吧。

輪廓的種類

由於連身裙的布料面積很大，所以整體的輪廓（線條）會變得很重要。依照輪廓來將拼接線位置、袖子、衣領等細節納入設計中。

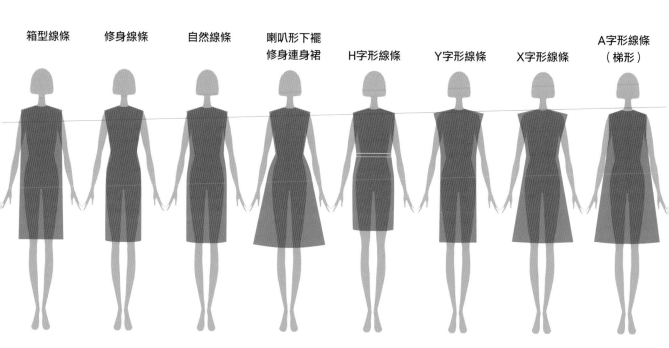

箱型線條　修身線條　自然線條　喇叭形下襬修身連身裙　H字形線條　Y字形線條　X字形線條　A字形線條（梯形）

透過腰部線條的拼接線來呈現變化

藉由在腰部加上拼接線，就能夠分別在上衣與裙子部分中採用複雜的設計或樣式。也能藉由讓上下部分採用不同布料來享受設計的樂趣。

腰部沒有拼接線

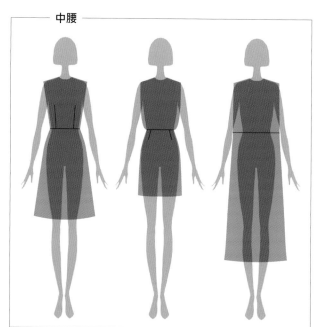

中腰

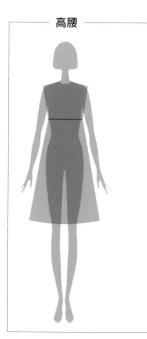

高腰

A字形線條
（Tentline）

公主線
（Princess line）

美人魚線
（mermaid line）

吊鐘形線條
（Bell line）

長軀幹形線條
（long torso）

帝國式腰線
（empire line）

繭型線條
（cocoon line）

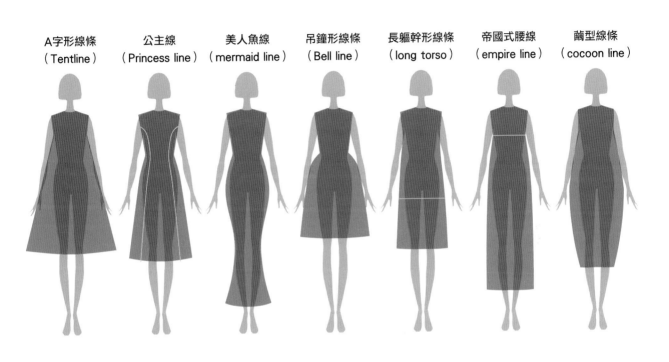

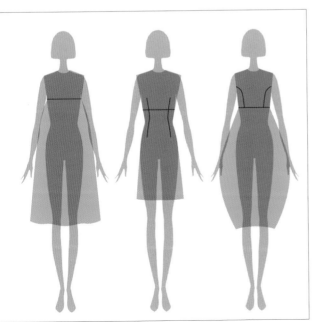

低腰

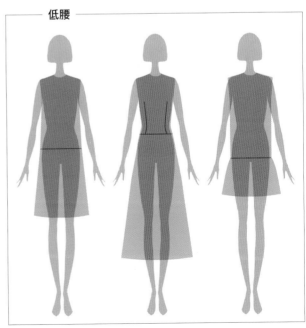

決定好輪廓後，接著來思考細節部分吧。

下面兩件連身裙乍看之下似乎沒有問題，但這種構造實際上是不能穿的。

在此處，請把無領上衣與細褶裙的搭配當成基礎，試著去思考各種變化吧。

由於上半身的輪廓很貼合身體，所以需要縫合褶或拼接線。

由於腰部以下的部分沒有「開口」，所以肩膀或臀部會在腰部卡住。

若頸部周圍很小，且沒有「開口」的話，頭部就無法通過。

開口的位置與種類

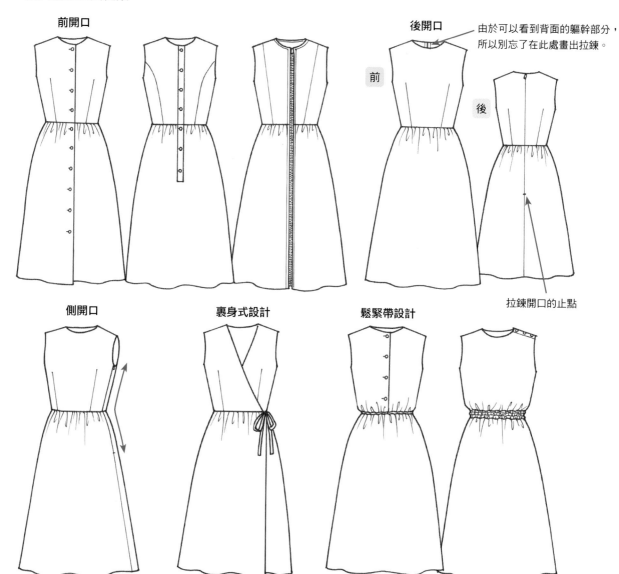

前開口

後開口

由於可以看到背面的軀幹部分，所以別忘了在此處畫出拉鍊。

前

後

拉鍊開口的止點

側開口

裹身式設計

鬆緊帶設計

裙子部分保持不變，在設計中加入衣領（領口線條）與袖子

上衣部分保持不變，變更裙子部分的設計

變更腰身位置

連身裙的設計變化

在背面樣式中，也別忘了在腰間裝飾
上畫出開口。

在公主線洋裝中，採用有拼接線的設計。

在腰部採用塔克褶。
緊身輪廓的連身裙。

繫上腰帶配件後的狀態。
若只想呈現出連身裙樣式的話，有時也會畫成沒繫腰帶的狀態。

腰部採用鬆緊帶
設計。

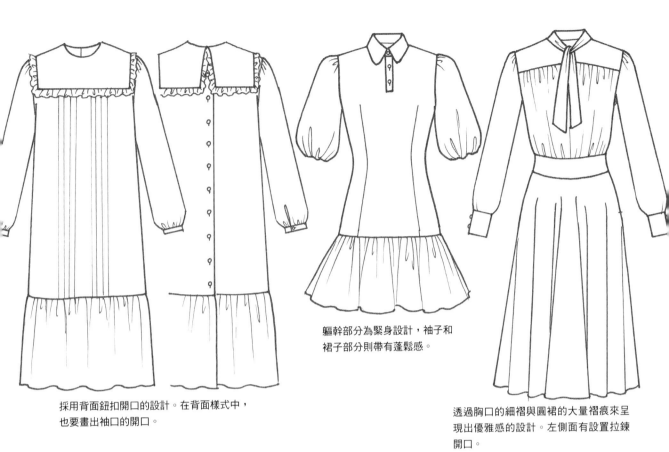

軀幹部分為緊身設計，袖子和
裙子部分則帶有蓬鬆感。

採用背面鈕扣開口的設計。在背面樣式中，
也要畫出袖口的開口。

透過胸口的細褶與圓裙的大量褶痕來呈
現出優雅感的設計。左側面有設置拉鍊
開口。

帶有拼接線的可愛高腰設計。罩裙帶有半透明感。

運用了裝飾抽褶的設
計。透過細繩就能使
連身裙的長度縮短。

採用「美人魚線」設
計的無袖連身裙。

以大大蓬起的裙子為特色的連身裙。在畫襯裙與波浪形褶邊的重疊部分時，要加上高低差異來呈現出立體感。

休閒連身裙。從胸部到下襬的輪廓很寬鬆，特色在於，含有大量細褶。

喇叭形下襬修身連身裙。
作畫時，讓手臂稍微離開
身體，就能呈現出袖子的
寬鬆布料的分量。

丹寧布連身
裙。針腳成
為設計上的
特色。

袖子很透明的前開口連身裙。
在畫透明布料的部分時，要讓身體肌膚透出來。

訂製夾克 （tailored jacket）的 構造與細節

Tailor這個詞帶有「裁縫師」的意思，訂製夾克指的是，如同西裝外套那樣做工很精美的外套。在日本，被理解成很修身的便服外套。

一般來說，單指夾克時，會稱作訂製夾克，與西裝外套做出區別（註：西裝外套通常會與西裝褲成套販售）。

平駁領（單排扣）

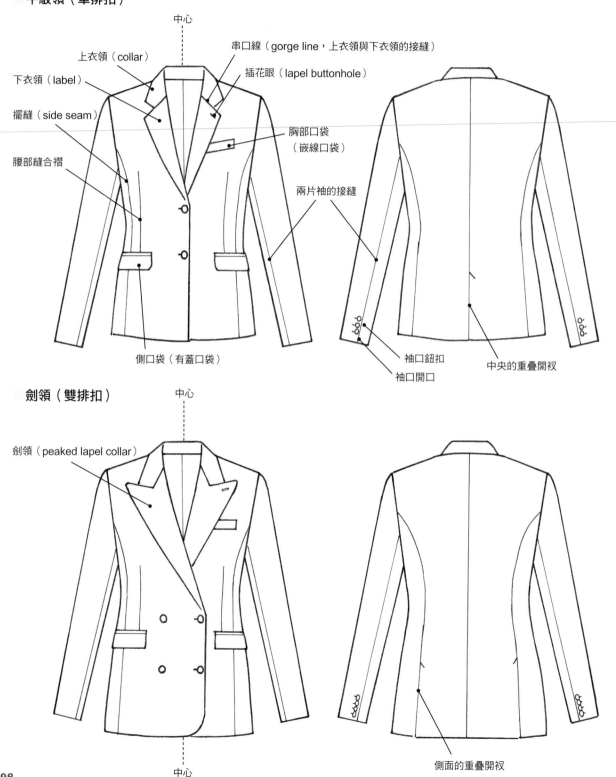

中心

上衣領（collar）
下衣領（label）
擺縫（side seam）
腰部縫合褶

串口線（gorge line，上衣領與下衣領的接縫）
插花眼（lapel buttonhole）
胸部口袋（嵌線口袋）
兩片袖的接縫

側口袋（有蓋口袋）
袖口鈕扣
袖口開口
中央的重疊開衩

劍領（雙排扣）

中心

劍領（peaked lapel collar）

中心

側面的重疊開衩

衣領的變化

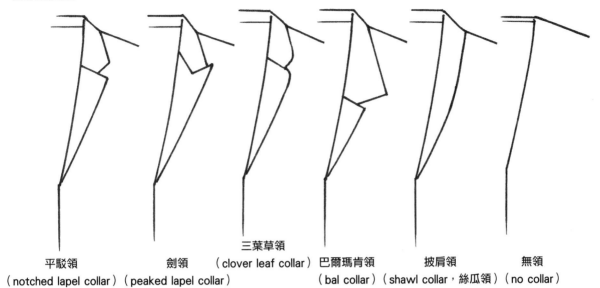

平駁領
（notched lapel collar）

劍領
（peaked lapel collar）

三葉草領
（clover leaf collar）

巴爾瑪肯領
（bal collar）

披肩領
（shawl collar，絲瓜領）

無領
（no collar）

鈕扣的變化

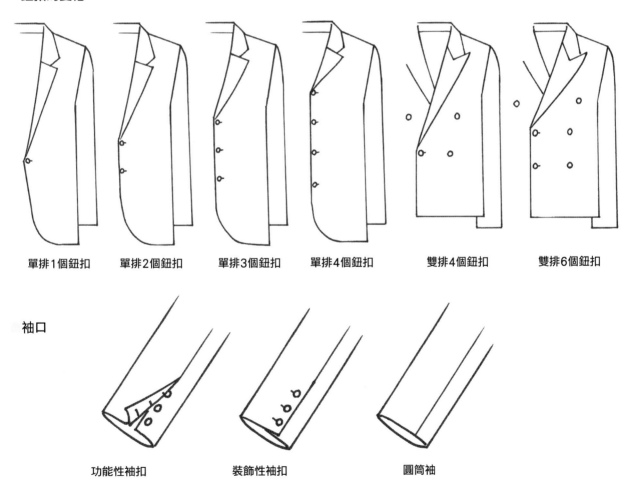

單排1個鈕扣

單排2個鈕扣

單排3個鈕扣

單排4個鈕扣

雙排4個鈕扣

雙排6個鈕扣

袖口

功能性袖扣
鈕扣能夠解開與扣上。

裝飾性袖扣
雖然外觀很像功能性袖扣，
但鈕扣無法解開與扣上。

圓筒袖

1 決定第 1 層鈕扣的位置。

此處採用的是數位繪圖的方式，在假人模特兒的圖案上疊上圖層。即使採用傳統手繪方式，畫法也一樣。

2 畫出衣領的曲線。

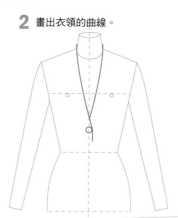

3 畫出下衣領。

4 一邊注意反折部分，一邊畫出上衣領。

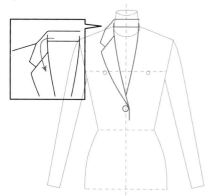

5 左右對稱地畫出衣領。

6 只要從比人體腰部線條稍微上方的位置畫出曲線，穿上夾克時的輪廓就會很美。

大約是這個位置
腰部線條

7 畫出另一側的軀幹部分、第2層鈕扣、扣眼。

8 畫出口袋（此處採用的是有蓋口袋）。

9 畫出縫合褶、背部中央的接縫。

10 畫出袖子。注意不要讓袖山（衣袖根部）變成銳角。

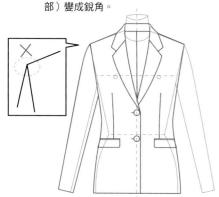

11 由於袖子採用兩片袖設計，所以要畫出接縫。畫完兩邊的袖子後，就完成了。

完成

■ 雙排扣、劍領

1 決定第 1 層鈕扣的位置。

2 畫出衣領的曲線。

3 畫出下衣領（lapel）。

4 一邊注意反折部分，一邊畫出上衣領。

此處大多會緊貼在一起

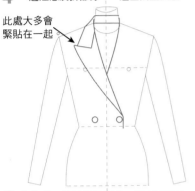

5 左右對稱地畫出上衣領。

6 只要從比人體腰部線條稍微上方的位置畫出曲線，穿上夾克時的輪廓就會很美。

7 畫出另一側的軀幹部分、第2層鈕扣、扣眼（只有扣上鈕扣那側要畫）。

8 畫出口袋（此處採用的是有蓋口袋）。

9 畫出縫合褶、背部中央的接縫。

10 畫出袖子。注意不要讓袖山（衣袖根部）變成銳角。

11 由於袖子採用兩片袖設計，所以要畫出接縫。畫完兩邊的袖子後，就完成了。

完成

夾克的設計變化

訂製夾克（tailored jacket）

史賓賽夾克（spencer jacket）

短外套（Bolero）

射擊夾克（shooting jacket，狩獵外套）

無領夾克

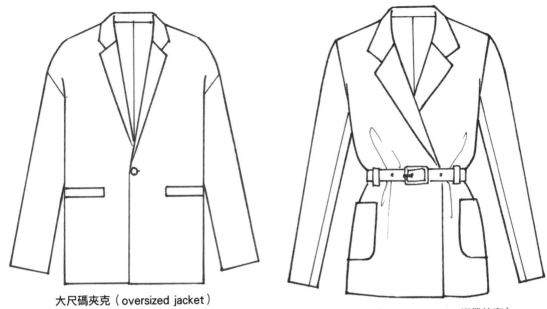

大尺碼夾克（oversized jacket）

束帶夾克（belted jacket，綁帶外套）

各種設計

夾克的時尚插畫

把前方部分打開來的穿法。
由於軀幹部分的布料會被拉
向後側,所以布料會離開身
體。

繫上腰帶的穿法。考慮到布料
厚度,要使用柔軟蓬鬆的線條
來畫腰帶上下的部分。

這件夾克的輪廓很修身,
肩膀線條很筆直。

軀幹部分的形狀、衣領與
袖子的設計都有很多種。
也多留意符合夾克設計的
搭配方式吧。

大衣外套的設計變化

立式折領大衣（soutien collar coat）　　切斯特大衣（Chester coat）　　海軍大衣（Pea coat）

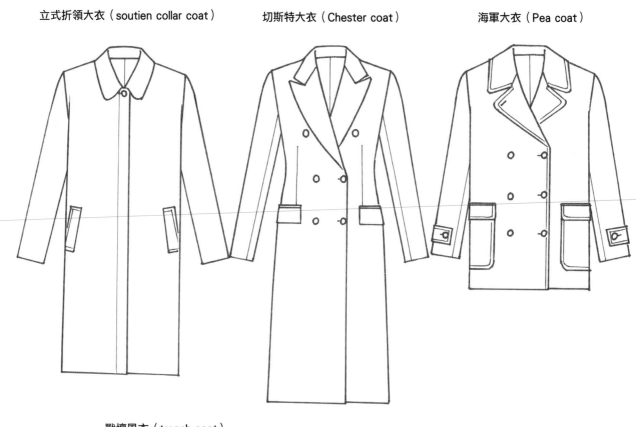

戰壕風衣（trench coat）

打開衣領　　　　　　　　背面

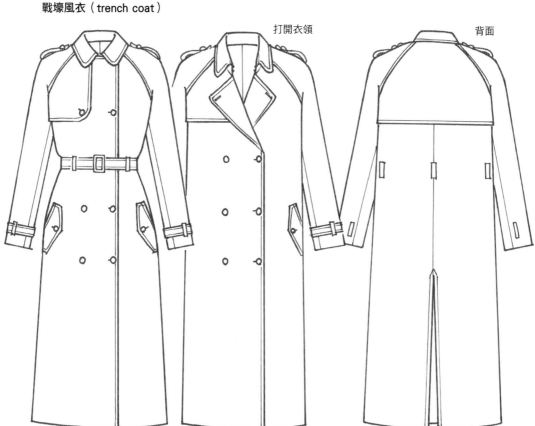

牛角釦大衣（duffel coat） 摩斯大衣（Mods Coat，軍大衣） 無領大衣

拼接線大衣（panel line coat） 大尺碼大衣 裹身大衣（wrap coat）

繫上腰帶的穿法。藉由讓腰帶
上下部分變得柔軟蓬鬆,就能
感受到布料厚度。

採用落肩袖的無領大
衣。即使沒有衣領，
也要考慮到布料厚
度，作畫時請加上表
面的高低差異吧。

把雙排扣門襟打開來的穿
法。作畫時，要留意鈕釦
與扣眼的位置（在此設計
中，軀幹左側部分會位於
上層）。

讓針腳發揮作用的大
衣。也多留意口袋與
袖口束帶的厚度吧。

戴上帽兜的穿法。依照
帽兜的尺寸來讓布料的
鬆弛度增加變化。

喇叭形下襬的公主大衣。
讓下襬線條帶有縱深，就
能讓人充分地感受到蓬鬆
感。

帶有披肩的大衣。作畫時，
多留意袖子、披肩、軀幹部
分的高低落差，就能呈現出
布料的厚度。

上衣的種類

棒球外套（stadium jumper）

機車夾克（rider's jacket）

MA-1（飛行夾克）

牛仔外套

羽絨外套（down jacket）

絎縫外套（quilting jacket）

針織衣物（knitwear）

圓領毛衣（crew neck sweater）

V領開襟衫

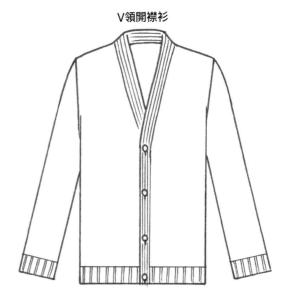

高領毛衣

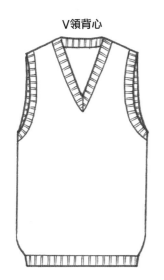

裹身開襟衫（wrap cardigan）

V領背心

短版開襟衫（cropped cardigan）

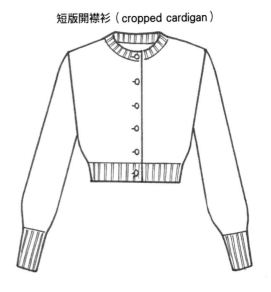

裁剪縫製而成的針織衣物（cut and sewn）

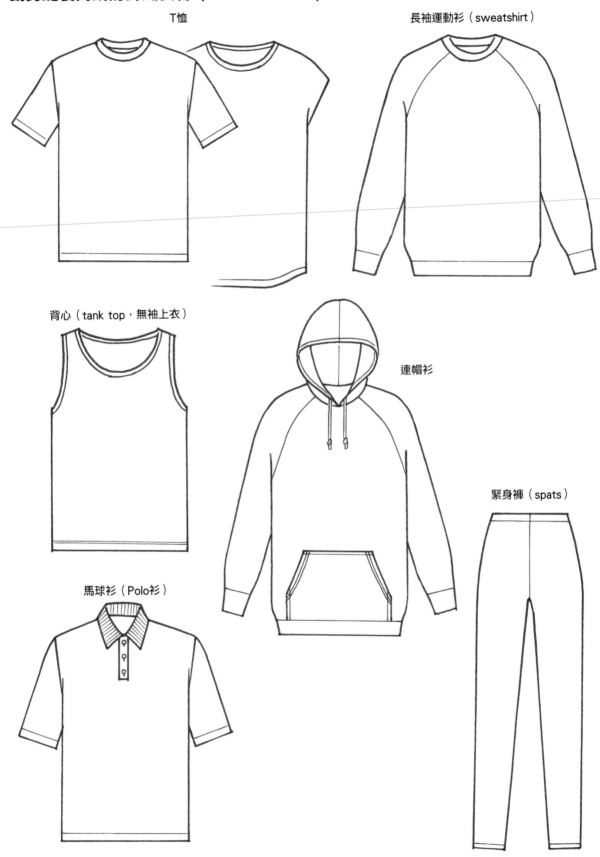

T恤

長袖運動衫（sweatshirt）

背心（tank top，無袖上衣）

連帽衫

緊身褲（spats）

馬球衫（Polo衫）

內衣（underwear）

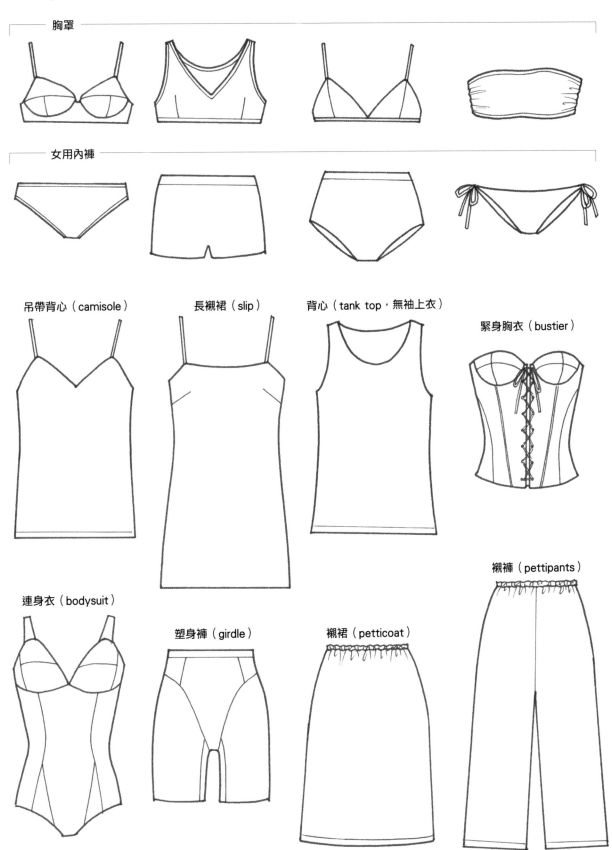

胸罩

女用內褲

吊帶背心（camisole）　　長襯裙（slip）　　背心（tank top，無袖上衣）

緊身胸衣（bustier）

連身衣（bodysuit）

塑身褲（girdle）　　襯裙（petticoat）

襯褲（pettipants）

BLOUSE&
SKIRT

Art
Supplies
and
Coloring

04
畫材與著色

留白著色法

「留白」指的是，省略光線照射到的明亮部分（留下紙張的白色）的著色方式。優點在於，透過簡單的潤飾，著色後也容易看到草圖的結構線。由於依照材質，會變得不易讓人感受到厚實感，所以在必要時，請增加著色面積，進行疊色吧。

■ 皮膚的留白

水彩顏料

麥克筆

留白

沒有留白（塗滿顏色）
底色＋陰影

留白

沒有留白（塗滿顏色）
底色＋陰影

想要仔細地畫出1幅畫來當成作品時則另當別論，不過，若為了想要快速地作畫而簡化著色步驟時，比起「把心力放在漂亮的著色上」，「第一眼看到時是否能夠傳達訊息」會變得更加重要。不能過於在意稍微超出範圍與塗得不均勻的部分。

A：透過比底色更加明亮的顏色來對留白部分使用暈染效果。比起單純留白，會給人更加柔和的印象。
B：很難決定留白部分時，也可以之後再加上光線。先全部塗上底色，然後再用白色或接近白色的色鉛筆來加上光線。

119

透明水彩顏料的特徵與使用技巧

透明水彩顏料的最大特徵在於，即使反覆疊色，還是能看到底色的顏色，可以畫出透明度很高的畫作。
容易呈現出「暈染效果」或「滲透效果」，藉由調整水量，就能呈現出各種材質的質感。
由於容易滲透正是透明水彩的特色，所以不太適合用來均勻地著色。不透明水彩顏料或壓克力顏料才能把顏色塗得更均勻。

減少水量　⟶　增加水量

疊上相同顏色

只要重複塗上較淡的顏色，就能呈現出像是把玻璃紙重疊在一起般的效果。
因此，藉由疊上相同顏色，也適合用來呈現陰影，以及畫較薄的布料。

2色的疊色方法

等到藍色乾了後，再塗上黃色。　　　在藍色還沒乾之前，就塗上黃色。　　　先在調色盤中將藍色和黃色混合後，再塗色。

畫出線條

不僅是輪廓線與結構線，在畫花紋時，也要使用筆尖來畫出細線。
只要事先準備好筆尖較硬與較軟的筆，就會很方便。

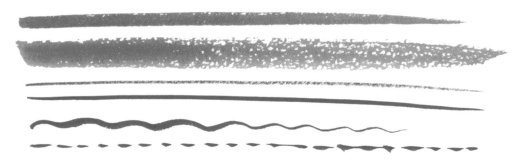

調色練習

我們在日常生活中不經意看到的顏色，並非只有鮮豔的顏色，還有淺色、暗淡的顏色、深色等各種顏色。
藉由使用顏料來調色（將顏色混合），就能創造出無數種新顏色。

「稍微加上○○」

藉由稍微加上一點黑色或黃色等來進行調色，就能使顏色逐漸接近想要的顏色。
準備布料或照片中的一部分顏色，試著一邊在顏料中找出相同顏色，一邊進行調色的練習吧。

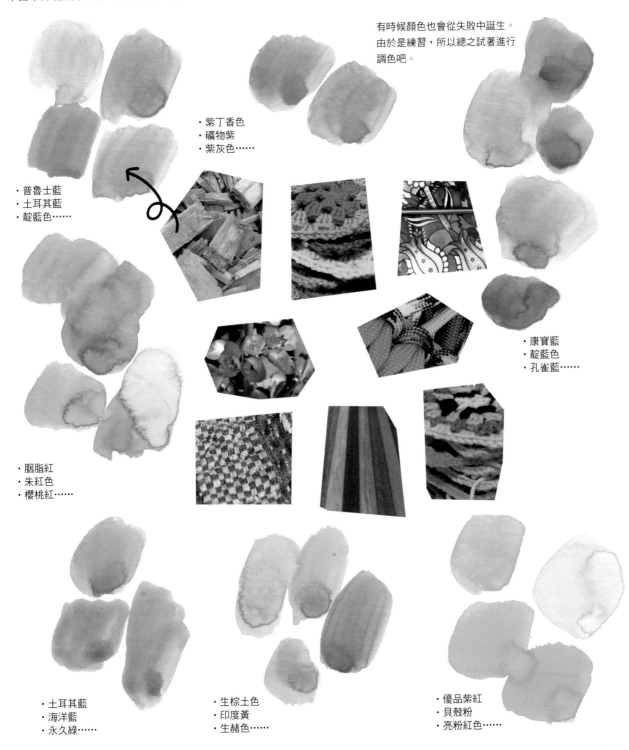

有時候顏色也會從失敗中誕生。
由於是練習，所以總之試著進行
調色吧。

· 紫丁香色
· 礦物紫
· 紫灰色……

· 普魯士藍
· 土耳其藍
· 靛藍色……

· 康寶藍
· 靛藍色
· 孔雀藍……

· 胭脂紅
· 朱紅色
· 櫻桃紅……

· 土耳其藍
· 海洋藍
· 永久綠……

· 生棕土色
· 印度黃
· 生赭色……

· 優品紫紅
· 貝殼粉
· 亮粉紅色……

121

■ 透明水彩顏料的使用技巧

暈染效果
透過含有水分的筆來讓顏料擴散開來。

顏料特有的暈染效果大多會用來呈現陰影。

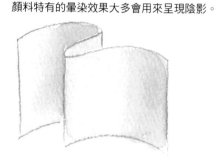

滲透效果
只把水塗在紙張上，讓顏色滲透到濕潤的部分。

用來呈現花紋或毛皮等材質。

除色
讓紙張形成濕潤狀態，或是讓想要除色的部分帶有水分，就能擦掉顏料。

不僅會用來呈現褪色的丹寧布之類的材質，也會用來呈現帶有光澤的部分。

■ 採用各種技巧

運用到顏料的技巧有很多種。
其中，可以運用衣服的質感或花紋來當作時尚插畫背景的點綴。

濺射
使用沾了顏料的牙刷等物來摩擦孔洞很細小的篩子或專用的網子。

蠟染畫
也叫做「彈畫」。先用蠟筆或蠟在紙張上作畫，然後再塗上顏料。

滴淋法
先讓筆沾附顏料，然後再讓顏料滴在紙上的作畫方式。

布料的質感呈現

咚咚壓畫法
打開筆尖，然後立起畫筆，咚咚地將筆尖壓在紙張上。

打開筆尖

立起畫筆，咚咚地壓住紙張。

拉長
打開筆尖，透過「使用毛尖來撫摸紙張」的方式來把顏料拉長。

轉圈圈
在打開筆尖的狀態下，立起畫筆，以轉圈圈的方式來畫。

可以呈現出布料的
編織方式。

麥克筆的特徵與使用技巧

麥克筆（在酒精性麥克筆中，COPIC麥克筆很有代表性）的優點在於，具有速乾性，而且成色良好，經常可以使用相同顏色來畫出想要的顏色。要在短時間內完成設計時，會非常有幫助。
只要使用透明麥克筆來進行疊色，底下的顏色就會透過來。1次、2次、3次……每疊色一次，顏色就會變深，所以就算使用1種顏色，也能享受到顏色深淺變化的樂趣。不過，由於顏色容易塗得不均勻，所以請多加練習，掌握訣竅吧。

依照製造廠商不同，筆尖可以分成方型‧筆型‧圓型等類型，請配合使用情境來挑選吧。
在流行服飾插畫中，由於曲線很多，所以筆型的使用頻率很高。

畫出直線　　　　　　　　　　　　　畫出曲線

■疊色

塗1次　　　　塗3次　　　　塗5次

■均勻地塗色

塗色時，不要讓筆尖離開紙張。

朝相同方向塗色。

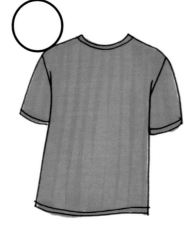

只要朝相同方向塗色，就會形成稍微重疊的線條。
用於設計提案時，有時候比起美觀度，更要重視速度，而且著色時變得過於神經質這一點也是應該考慮到的問題。作畫時，可以不用過於在意稍微超出範圍與塗得不均勻的部分。

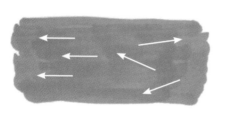

進行疊色時，若筆尖離開紙張好幾次的話，顏色就會變得不均勻。

由於顏色不均勻的部分一旦過於顯眼的話，該部分會比衣服設計更容易吸引目光，所以請多留意吧。

透過筆尖來呈現出筆觸的差異

透過筆尖的選擇與握筆方式，就能分別畫出許多種筆觸。

方型

透過平坦部分來均勻地畫出線條。　　　透過稜角部分來均勻地畫出線條。　　　透過平坦部分來畫出四方形。

筆型

透過筆型筆尖，能讓筆壓產生變化。　　　把筆立起來，由上往下按壓。

只要在底色上畫出花紋，就能用來呈現素材質感（底色與花紋使用相同顏色）。

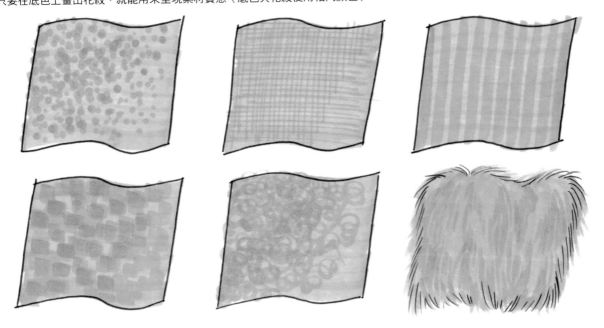

■ 疊色

雖然市售麥克筆的顏色數量很有限，但藉由疊色就能夠創造出新的顏色。
不過，與顏料之間的明顯差異在於，不能在深色上面疊上較淺的顏色。
由於麥克筆與其他畫材的契合度很好，因此可以之後再用不透明的筆或色鉛筆來加上顏色，藉此來彌補這項缺點。
依照①→②的順序來進行疊色。

麥克筆＋不透明的筆　　　　　　麥克筆＋色鉛筆

即使主要畫材是麥克筆，同時使用其他畫材也沒問題。
在上面的範例中，我在麥克筆的上面使用了不透明的筆・色鉛筆來作畫，大家可以試著搭配使用顏料・粉彩筆等其他畫材，
看看會變得如何。

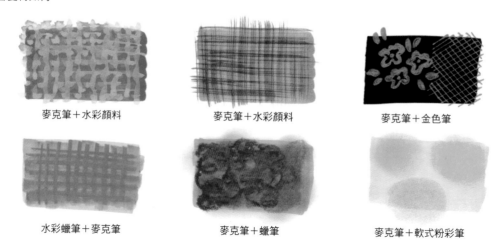

麥克筆＋水彩顏料　　　　麥克筆＋水彩顏料　　　　麥克筆＋金色筆

水彩蠟筆＋麥克筆　　　　麥克筆＋蠟筆　　　　麥克筆＋軟式粉彩筆

漸層

只要透過相同亮度的同色系顏色來畫出漸層，親和性就會很好。使用差異很大的顏色來搭配時，交界處會很顯眼。當交界處很顯眼時，只要使用相同顏色的色鉛筆來畫出暈染效果即可。

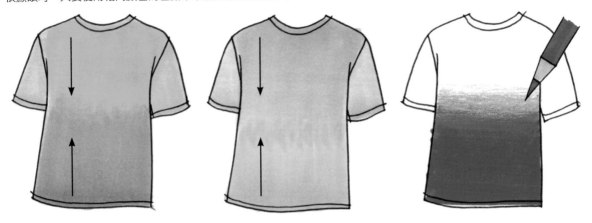

白・黑・半透明感

在布料的呈現方式中，會讓人對著色方法感到猶豫的就是白・黑。
由於沒有「白色」的麥克筆，所以在畫白色布料的款式時，會運用紙張本身的白色。使用黑色布料時，草圖會變得看不見，但只要在草圖上添加線條，就能解決這一點。

白色布料
透過灰色系麥克筆來加入陰影。
若什麼顏色都不塗的話，會看起來像忘了著色，所以要多注意這點。

黑色布料
先在底部塗上灰色，然後再疊上黑色。藉由讓照射到光線的部分留下灰色，就會變得比較容易看出設計。

黑色布料
先將底色部分塗滿黑色。透過白色或接近白色的色鉛筆來加上結構線和光線。

帶有透明感的白色布料
當襯裙為黑色時，藉由使用深灰色來著色，布料重疊部分就會看起來像稍微帶有白色。訣竅在於，要讓輪廓留白。

深灰色
黑色

帶有半透明感的布料
先塗皮膚和襯裙的顏色，然後再塗上薄布料的顏色。

布料的呈現方式

畫出材質和花紋

只要在服裝或小配件中加入素材質感或花紋,就能一口氣提昇呈現方式的廣度。首先,要了解作畫方式,在繪製時尚插畫時,請依照布料種類來為花紋增添變化吧。

從下一頁開始,主要會使用透明水彩顏料來作畫,不過就算使用麥克筆,作畫步驟也不會變。要在深色部分疊上明亮的顏色時,最好使用不透明的畫材或色鉛筆。

使用到麥克筆時,會標示此記號。

格紋

花朵圖案

嘉頓格紋（gingham check）

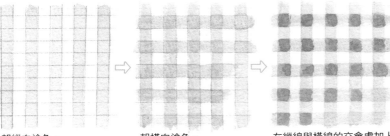

朝縱向塗色。

朝橫向塗色。

在縱線與橫線的交會處加上顏色，使顏色變深。

在畫格紋時，要事先用鉛筆畫出方格。

花呢格紋（tartan check）

塗上底色。

讓縱向與橫向都保持相同間隔，畫出花紋。

使用色鉛筆或不透明的筆來加上細線。

依照布料的彎曲情況，花紋也要變得彎曲。

變更顏色或線條寬度，享受花紋變化的樂趣吧。

 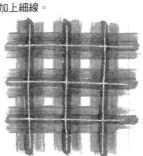 

馬德拉斯格紋（Madras check）

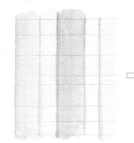 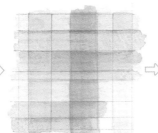 

變更顏色，朝縱向塗色。

使用與縱線相同的顏色，朝橫向塗色。

加上細線。

顏色變化。

棋盤格紋（block check）

塗上底色。

加入縱線和橫線。

在縱線與橫線的交會處加上顏色，使顏色變深。

顏色變化。

菱形格紋（argyle check）

   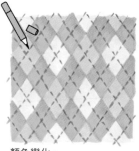

用鉛筆畫出斜向的方格，然後以空一格的方式來塗色。

在沒有上色的方格中塗上其他顏色。

用色鉛筆加上虛線。

顏色變化。

方窗格紋（windowpane）　細條紋（pinstripe）　倫敦條紋（London stripe）　軍團條紋（regimental stripe）

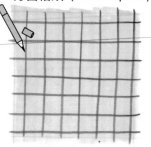  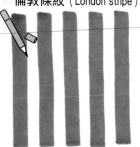 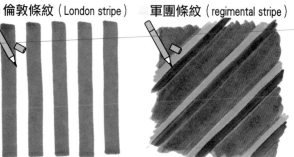

宛如窗框的格紋。

宛如針那樣，非常細的條紋。

等寬的單調條紋。

斜向的條紋。

圓點花紋

當布料彎曲時，要留意圓點的位置與形狀。

花朵圖案

畫出花朵圖案。

在圖案之間加入別種花朵。

加上葉子和莖。

在畫花朵圖案時，大小、顏色、形狀都能夠自由發揮。思考適合服裝的花朵圖案也是一種樂趣。

   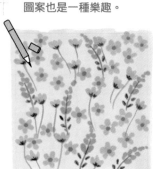

紮染花紋（tie-dye）

Tie=綑綁、Dye=染色，所以叫做紮染。一邊發揮滲透效果，一邊畫。

迷彩花紋（基本上，只要準備 3～4 種大地色系即可）

使用第1種顏色來塗上底色。

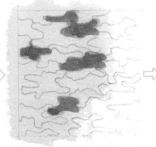

使用第2種顏色來畫出四散的花紋。

使用深綠色和深褐色來加入更多花紋。

依照森林、沙漠等想要躲藏的場所，顏色會產生變化。

豹紋（大約 3 種相同色系）

使用淺褐色來塗底色。

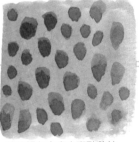

使用褐色來畫出斑點花紋。

在周圍使用黑色來畫出邊飾。

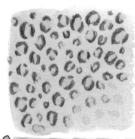

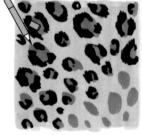

顏色變化。

斑馬紋

畫出不規則的曲線條紋。

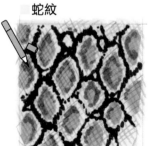

顏色變化。

虎紋

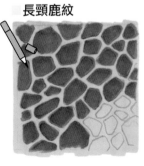

蛇紋

長頸鹿紋

乳牛紋

131

■ 佩斯利花紋（paisley）

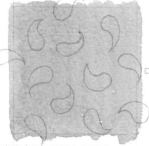

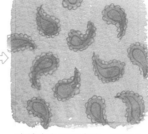

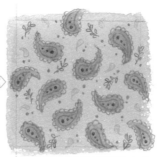

畫出底色，配置勾玉圖案。

先塗完主要圖案後，再加上其他花紋。

在周圍加上以草木圖案為主的細小花紋。

■ 丹寧布

漂白加工

塗上底色後，用色鉛筆來加入斜線。

在潮濕狀態下擦掉顏料，就能去除顏色（p.122）。

■ 絎縫（quilting）

把縫紉機縫出來的針腳形狀畫成草圖後，塗上底色。

在陰影部分加上深色來呈現立體感。

讓陰影的顏色變得模糊，最後加上針腳。

■ 燈芯絨（corduroy）

顏色變化。

塗上底色。

為了呈現出凹凸不平的樣子，使用偏白和深色來交替地加上縱線。

顏色變化。

■ 蕾絲

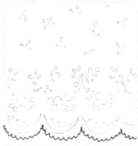

在下襬部分畫出很大的波浪線條。

在大波浪線條上加入裝飾用的圖案，畫出蕾絲花紋的草圖。

加上細節，使用細線來添加網眼圖案。

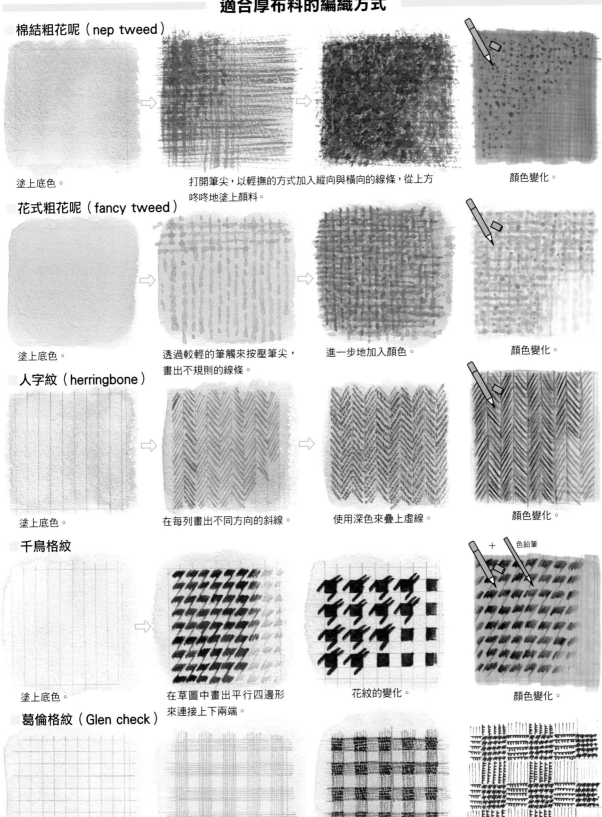

棉結粗花呢（nep tweed）

塗上底色。

打開筆尖，以輕撫的方式加入縱向與橫向的線條，從上方咚咚地塗上顏料。

顏色變化。

花式粗花呢（fancy tweed）

塗上底色。

透過較輕的筆觸來按壓筆尖，畫出不規則的線條。

進一步地加入顏色。

顏色變化。

人字紋（herringbone）

塗上底色。

在每列畫出不同方向的斜線。

使用深色來疊上虛線。

顏色變化。

千鳥格紋

塗上底色。

在草圖中畫出平行四邊形來連接上下兩端。

花紋的變化。

+ 色鉛筆

顏色變化。

葛倫格紋（Glen check）

塗上底色。

用鉛筆來加上縱向與橫向的細線。

加入點點花紋。

花紋的放大圖。

厚布料

秋冬季節常使用的羊毛與動物纖維，除了夾克與大衣外套以外，也會被用在褲子、裙子中。衣領的反折、袖口、下襬等2塊以上的布料重疊在一起的部分，會帶有厚度。

花式粗花呢

英式格紋

人字紋

千鳥格紋

燈芯絨

各種粗花呢

人字紋

千鳥格紋

薄布料：蕾絲・薄紗（tulle）・雪紡紗（chiffon）・蟬翼紗（organdy）等

蕾絲

依照蕾絲種類，可以分成刺繡蕾絲、鏤空蕾絲等許多類型。

以植物作為主題圖案的花紋很常見，每隔一定間隔，花紋就會重複出現。

薄紗蕾絲

由網眼所構成的蕾絲布料。

雪紡紗

很柔軟的薄布料。

蕾絲

薄紗

蟬翼紗

也有印上圖案或加上裝飾的布料。

在禮服中，經常會使用到緞
布、蕾絲、珠繡（串珠刺繡）
等細膩的材質。
請順著布料的方向來流暢地塗
色，以避免破壞材質的高級感
吧。
在畫立體刺繡時，要在縫隙中
加入陰影，讓人能夠感受到厚
度。

有光澤的布料

確實地分別畫出光照部分與陰影。光線的呈現方式包含了，透過留白來呈現光線的方法，以及之後再加上光線的上色方式。由於這類布料很難透過想像來畫，所以首先請把實際的服裝（布料）或照片畫成素描，研究光線與陰影的形成方式吧。

皮革

水彩顏料
之後再讓留白部分產生暈染效果。

只要清楚地留下白色，就能更加突顯光澤。最適合用來呈現瓷漆（enamel）等。

水彩顏料
（透明與不透明顏料皆可）

麥克筆
使用相同色系的2～3種顏色來畫出漸層。

之後再用色鉛筆來加上光線。

掌握光照部分，透過留白來呈現出光澤感。

著色時，要讓光澤部分留白。

讓留白部分產生暈染效果。

緞布（satin）·
金銀絲織物·亮片等

金銀絲織物與亮片
由於依照光線照射方式與
角度，顏色會產生很大的
變化，所以請先理解布料
的變化與皺褶的形成方式
後，再開始畫吧。

緞布
由於布料的質感既光滑又柔軟，所以著色時要畫出
光滑的感覺。
著色方法的步驟與皮革相同，先讓光照部分留白，
之後再加上暈染效果。與皮革相比，顏色的變化比
較平緩。

毛皮（fur）的畫法

毛皮的特徵在於，柔軟蓬鬆的厚度。重點在於，著色時要留意表面（外側）的亮度和陰影的深度。進行素描時，請把輪廓畫成像是「在布料上加上毛的厚度」那樣的感覺吧。

透明水彩
顏料

打開筆尖，以輕撫的方式來畫出曲線，試著一邊輕輕地晃動畫筆，一邊呈現出捲毛的樣子吧。

透明水彩
顏料

在畫毛皮時，雖然會呈現出柔軟蓬鬆的厚度，但毛前端的輕盈感也是必要的。重點在於，不要將表面的輪廓畫得很筆直，而是要依照毛的生長方向來畫。
而且，在畫左頁那樣的白色毛皮時，藉由反覆進行疊色，就會更加接近真實的質感。

想要清楚地呈現出設計線條時，比起寫實畫法，較粗略的畫法會比較好懂。

麥克筆

油性粉彩筆／
蠟筆

針織品（knit）的畫法

在畫紋花針織（cable knit）服飾時，藉由在針織花紋的溝槽中確實加入陰影，就能呈現出花紋隆起的樣子。為了不破壞毛線的柔軟感，所以在畫服裝輪廓時，請不要畫出稜角。

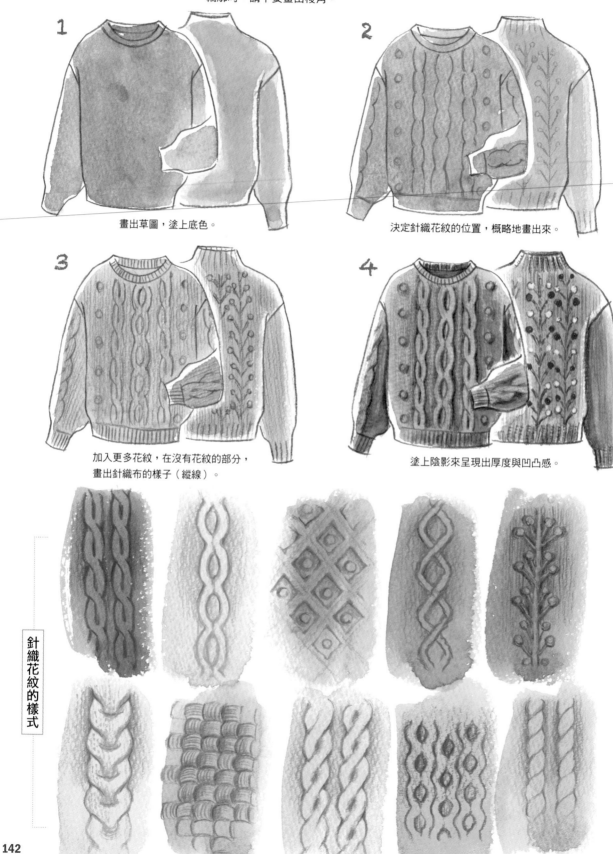

1 畫出草圖，塗上底色。

2 決定針織花紋的位置，概略地畫出來。

3 加入更多花紋，在沒有花紋的部分，畫出針織布的樣子（縱線）。

4 塗上陰影來呈現出厚度與凹凸感。

針織花紋的樣式

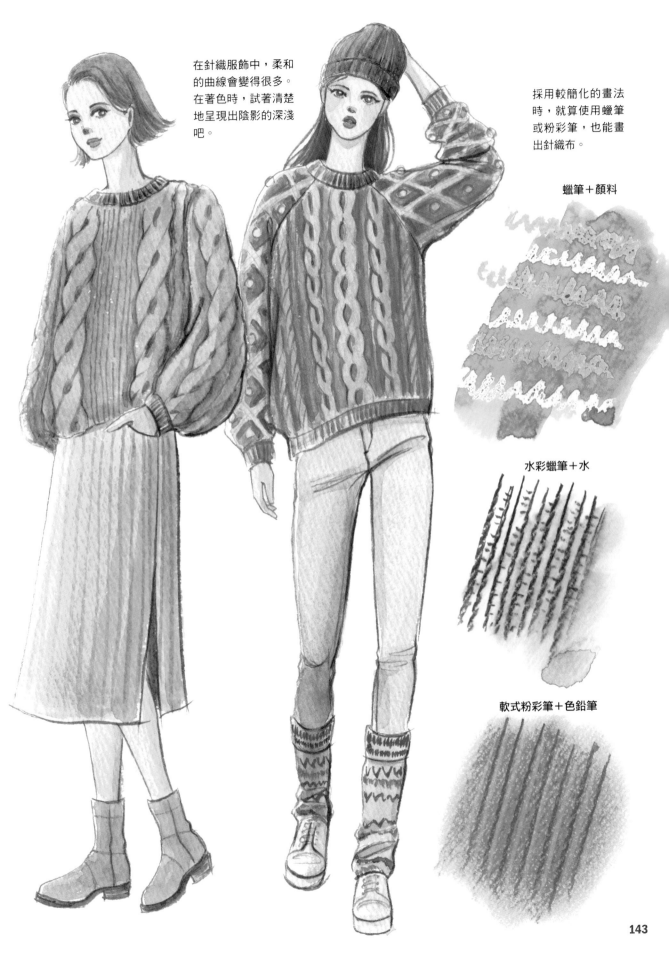

在針織服飾中，柔和的曲線會變得很多。在著色時，試著清楚地呈現出陰影的深淺吧。

採用較簡化的畫法時，就算使用蠟筆或粉彩筆，也能畫出針織布。

蠟筆＋顏料

水彩蠟筆＋水

軟式粉彩筆＋色鉛筆

作者

福地宏子

杉野服飾大學兼任講師
專業領域：流行服飾插畫
從2002年開始任職於杉野服飾大學。
一邊在德瑞思美（Doreme）學院、和洋女子大學任教，
一邊參與書籍・服裝插畫的製作等工作。
監修過的書籍包含了『服裝服飾部位全圖鑑』、『男裝服飾部位全圖
鑑』、『正統派西裝描繪技巧』（皆為MAAR社）。

TITLE

基礎服裝畫原理與構造

STAFF		ORIGINAL JAPANESE EDITION STAFF
出版	瑞昇文化事業股份有限公司	協力：坂口英明（Mannequins JAPON デザイナー）
編著	福地宏子	裝丁：葛西 惠
譯者	李明穎	編集：角倉一枝（マール社）

創辦人 / 董事長	駱東墻
CEO / 行銷	陳冠偉
總編輯	郭湘齡
責任編輯	張聿雯
文字編輯	徐承義
美術編輯	謝彥如
國際版權	駱念德　張聿雯

排版	二次方數位設計 翁慧玲
製版	明宏彩色照相製版有限公司
印刷	龍岡數位文化股份有限公司

法律顧問	立勤國際法律事務所　黃沛聲律師
戶名	瑞昇文化事業股份有限公司
劃撥帳號	19598343
地址	新北市中和區景平路464巷2弄1-4號
電話 / 傳真	(02)2945-3191 / (02)2945-3190
網址	www.rising-books.com.tw
Mail	deepblue@rising-books.com.tw
港澳總經銷	泛華發行代理有限公司

初版日期	2024年7月
定價	NT$600 ／ HK$188

國家圖書館出版品預行編目資料

基礎服裝畫原理與構造 = Fashion illustration
technique / 福地宏子著；李明穎譯. -- 初版. -- 新北市：
瑞昇文化事業股份有限公司, 2024.07
144面；19x25.7公分
譯自：ファッションイラストレーション・テクニック
：服の構造を理解して描く
ISBN 978-986-401-759-1(平裝)

1.CST: 服飾 2.CST: 插畫 3.CST: 繪畫技法

423.2　　　　　　　　　　　　　　　113009073

FASHION ILLUSTRATION TECHNIQUE FUKU NO KOZO WO RIKAISHITE KAKU
Copyright © FUKUCHI Hiroko 2023
Chinese translation rights in complex characters arranged with
MAAR-sha Publishing Co., Ltd
through Japan UNI Agency, Inc., Tokyo